精品蔬菜生产技术丛书

绿叶类精品蔬菜

（第二版）

孙菲菲　顾峻德　编著

江苏凤凰科学技术出版社 · 南京

图书在版编目（CIP）数据

绿叶类精品蔬菜 / 孙菲菲等编著. — 2版. — 南京:
江苏凤凰科学技术出版社, 2023.5（2024.12重印）
（精品蔬菜生产技术丛书）
ISBN 978-7-5713-3180-1

Ⅰ. ①绿… Ⅱ. ①孙… Ⅲ. ①绿叶蔬菜 – 蔬菜园艺
Ⅳ. ①S636

中国版本图书馆CIP数据核字(2022)第157186号

精品蔬菜生产技术丛书
绿叶类精品蔬菜

编　　著	孙菲菲　顾峻德
责任编辑	韩沛华
责任校对	仲　敏
责任设计	孙达铭
责任印制	刘文洋
出版发行	江苏凤凰科学技术出版社
出版社地址	南京市湖南路1号A楼，邮编：210009
出版社网址	http://www.pspress.cn
照　　排	江苏凤凰制版有限公司
印　　刷	南京新世纪联盟印务有限公司
开　　本	880 mm × 1 240 mm　1/32
印　　张	6
字　　数	130 000
版　　次	2023年 5 月第 2 版
印　　次	2024年12月第 2 次印刷
标准书号	ISBN 978-7-5713-3180-1
定　　价	36.00元

致读者

社会主义的根本任务是发展生产力，而社会生产力的发展必须依靠科学技术。当今世界已进入新科技革命的时代，科学技术的进步已成为经济发展，社会进步和国家富强的决定因素，也是实现我国社会主义现代化的关键。

科技出版工作肩负着促进科技进步，推动科学技术转化为生产力的历史使命。为了更好地贯彻党中央提出的“把经济建设转到依靠科技进步和提高劳动者素质的轨道上来”的战略决策，进一步落实中共江苏省委，江苏省人民政府作出的“科教兴省”的决定，江苏凤凰科学技术出版社有限公司(原江苏科学技术出版社)于1988年倡议筹建江苏省科技著作出版基金。在江苏省人民政府、江苏省委宣传部、江苏省科学技术厅(原江苏省科学技术委员会)、江苏省新闻出版局负责同志和有关单位的大力支持下，经江苏省人民政府批准，由江苏省科学技术厅(原江苏省科学技术委员会)、凤凰出版传媒集团(原江苏省出版总社)和江苏凤凰科学技术出版社有限公司(原江苏科学技术出版社)共同筹集,于1990年正式建立了“江苏省金陵科技著作出版基金”，用于资助自然科学范围内符合条件的优秀科技著作的出版。

我们希望江苏省金陵科技著作出版基金的持续运作,能为优秀科技著作在江苏省及时出版创造条件，并通过出版工作这一平台，落实“科教兴省”战略，充分发挥科学技术作为第一生产力的作用，为全面建成更高水平的小康社会、为江苏的“两个率先”宏伟目标早日实现，促进科技出版事业的发展，促进经济社会的进步与繁荣做出贡献。建立出版基金是社会主义出版工作在改革发展中新的发展机制和新的模式，期待得到各方面的热情扶持，更希望通过多种途径不断扩大。我们也将在实践中不断总结经验，使基金工作逐步完善，让更多优秀科技著作的出版能得到基金的支持和帮助。这批获得江苏省金陵科技著作出版基金资助的科技著作，还得到了参加项目评审工作的专家、学者的大力支持。对他们的辛勤工作，在此一并表示衷心感谢！

江苏省金陵科技著作出版基金管理委员会

"精品蔬菜生产技术丛书"编委会

第一版

主　　任　侯喜林　吴志行

编　　委（各书第一作者，以姓氏笔画为序）

刘卫东　吴志行　陈沁斌　陈国元
张建文　易金鑫　周黎丽　侯喜林
顾峻德　鲍忠洲　潘跃平

第二版

主　　任　侯喜林　吴　震

编　　委（各书第一作者，以姓氏笔画为序）

马志虎　王建军　孙菲菲　江解增
吴　震　陈国元　赵统敏　柳李旺
侯喜林　章　泳　戴忠良

序（第一版）

蔬菜是人们日常生活中不可缺少的副食品。随着人民生活质量的不断提高及健康意识的增强，人们对“无公害蔬菜”“绿色蔬菜”“有机蔬菜”需求迫切，极大地促进了我国蔬菜产业的迅速发展。2002年全国蔬菜播种面积达1 970万公顷，总产量60 331万吨，人均年占有量480千克，是世界人均年占有量的3倍多；蔬菜总产值在种植业中仅次于粮食，位居第二，年出口创汇26.3亿美元。蔬菜已经成为农民致富、农业增收、农产品创汇中的支柱产业。

今后发展蔬菜生产的根本出路在于发展外贸型蔬菜，参与国际竞争。因此，蔬菜生产必须增加花色品种，提高蔬菜品质，重视蔬菜生产中的安全卫生标准，发展蔬菜贮藏、加工、包装、运输。以企业为龙头，发展精品蔬菜，以适应外贸出口及国内市场竞争的需要。

为了适应农业产业结构的调整，发展精品蔬菜，并提高蔬菜质量，南京农业大学和江苏科学技术出版社共同组织园艺学院、江苏省农业科学院、南京市农林局、南京市蔬菜科学研究所、金陵科技学院、苏州农业职业技术学院、苏州市蔬菜研究所、常州市蔬菜研究所、连云港市蔬菜研究所等单位的专家、教授编写了“精品蔬菜生产技术丛书”。丛书共11册，收录了100多种品质优良、营养丰富、附加值高的名特优新蔬菜品种，介绍了优质、高产、高效、安全生产关键技术。本丛书深入浅出，通俗易懂，指导性、实用性强，既可以作为农村科技人员的培训教材，也是一套有价值的教学参考书，更是广大基层蔬菜技术推广人员和菜农的生产实践指南。

侯喜林

2004年8月

序（第二版）

蔬菜是人们膳食结构中极为重要的组成部分，中国人尤其喜食新鲜蔬菜。从营养学的角度看，蔬菜的营养功能主要是供给人体所必需的多种维生素、矿物质、膳食纤维、微量元素、酶以及一部分热能和蛋白质；还能帮助消化、改善血液循环等。它还有一项重要的功能是调节人体酸碱平衡、增强机体免疫力，这一功能是其他食物难以替代的。健康人的体液应该呈弱碱性，pH值为7.35~7.45。蔬菜，尤其是绿叶蔬菜都属于碱性食物，可以中和人体内大量的酸性食物，如肉类、淀粉类食物。建议成人每天食用优质蔬菜300克以上。

随着人们对健康生活的重视，对于绿色、有机蔬菜的需求日益增加，我国蔬菜的种植面积和产量呈上升态势，且单产水平有所提高，城镇居民蔬菜消费量、消费金额也有所提高。2021年，我国蔬菜种植面积约3.28亿亩，产量约为7.67亿吨。2022年江苏省蔬菜全年累计播种面积2209.1万亩，产量达5978万吨。我国既是蔬菜生产大国，又是蔬菜消费大国。蔬菜的安全生产在保障市场供应、促进农业结构的调整、优化居民的饮食结构、增加农民收入、提高人民的生活水平等方面发挥了重要作用。

蔬菜生产是保障市场稳定供应的基础。具有规模蔬菜种植基地的家庭农场（含个体生产经营者）、农民专业合作社、生产经营企业等，是蔬菜生产的基本单元，也是蔬菜产业的基础和源头。因此，蔬菜生产必须增加花色品种，提高蔬菜品质，注重生产过程中的安全卫生标准，同时加强蔬菜储存、加工、包装和运输。在优势产区和大中城市郊区，重点加强菜地基础设施建设，着重品种选育、集约化育苗、田头预冷等关键环节，加大科技创新和推广力度，健全生产信息监测体系，壮大农民专业合作组织，促进蔬菜生产发展，提高综合生产能力。

“精品蔬菜生产技术丛书”（第一版）自2004年12月出版以来，深受市场欢迎，历经多次重印，且被教育部评为高等学校科学研究优秀成果奖科学技术进步奖(科普类)二等奖。为了适应农业产业结构的调整，发展精品蔬菜，并提高蔬菜产品质量，满足广大读者需求，南京农业大学和江苏凤凰科学技术出版社共同组织江苏省农业科学院、南京市蔬菜科学研究所、苏州农业职业技术学院等单位的专家对“精品蔬菜生产技术丛书”（第一版）进行再版。《精品蔬菜生产技术丛书》（第二版）共11册，收录了100多种品质优良、营养丰富、附加值高的名特优新蔬菜品种，介绍了优质、高产、高效、安全生产关键技术。本丛书语言简明通俗，兼具实用性和指导性，既可以作为农村科技人员的培训教材，也是一套有价值的教学参考书，更是广大基层蔬菜技术推广人员和菜农的生产实践指南。

农业农村部华东地区园艺作物生物学与种质创制重点实验室主任
园艺作物种质创新与利用教育部工程研究中心主任
南京农业大学“钟山学者计划”特聘教授、博士生导师
蔬菜学国家重点学科带头人

侯喜林

2022年5月

前　言

绿叶类蔬菜是指以柔嫩的绿叶、叶柄和嫩茎为食用部分的速生性蔬菜。绿叶类蔬菜生长期短，采收灵活，栽培广泛。绿叶类蔬菜可以单独栽培，也可作为其他较高大蔬菜的间、套作物，以增加复种指数，提高单位面积产量和产值，也可在前茬蔬菜出茬后抢种一季，以充分利用时间及土地。绿叶类蔬菜可通过排开播种，分期采收，也可采用设施栽培，实现提前、延后供应，调剂淡旺季，因此对市场周年均衡供应和丰富蔬菜种类具有很重要的作用。

绿叶类蔬菜富含人体所必需的各种维生素、胡萝卜素、矿物质及含氮物质，营养价值很高，可生食、凉拌、炒食、煮食或做汤料，以及腌制加工。特别是芫荽、芹菜、茴香、罗勒、紫苏、薄荷等有特殊辛香味的蔬菜，可调味，能增进食欲，同时由于它们的叶、茎和种子内含有芳香物质，亦可提取香料。此外，绿叶类蔬菜既含有丰富的营养物质，又具有保健和药用价值，是人们一年四季喜食的蔬菜。

此次《绿叶类精品蔬菜》的修订再版，在品种介绍上主要围绕近年来在生产上易于被农户接受、受市场欢迎且经济效益显著的一些绿叶菜类新品种。在栽培方式上主要介绍实现周年生产的生产方式，即露地和保护地栽培相结合。此外，还以绿色生产为最基本的生产技术要求重点介绍了一些新的栽培技术和品种。再版基本维持上一版的框架和思路，在品种上稍作调整，如“茎用莴苣”改为“莴笋”，“叶用莴苣”改为“生菜”，用具体蔬菜名称代替相对应的一类蔬菜，更加直观，使读者易于理解；“结球茴香”改为“茴香”，使这一品种蔬菜范围扩大；删除了“薹干菜”“叶菾菜”“款冬”这三种近年来种植面积相对减少的蔬菜品种；将“豆瓣菜”调整到《水生类精品蔬菜》；增加了“芦蒿”“珍珠菜”“芝麻菜”近年来栽培面积持续增长且经济效益较显著的蔬菜品种。

《绿叶类精品蔬菜》（第二版）本着读者易懂易学的原则详细介绍了菠菜、蕹菜、落葵、茼蒿、苋菜、芫荽、莴笋、生菜、苦苣、菊苣、芦蒿、实心芹、西洋芹菜、荷兰芹、鸭儿芹、珍珠菜、冬寒菜、番杏、菊花脑、荠菜、菜苜蓿、马兰、紫背天葵、马齿苋、芝麻菜、茴香、罗勒、紫苏、薄荷29种蔬菜的特征特性、主要类型和品种以及栽培技术。内容详尽，通俗易懂，配合大量图片，可读性强，适用于农业院校师生、基层科技人员以及种植农户参考。

由于编者水平有限，不足之处在所难免，敬请读者批评指正。

孙菲菲

2023年1月

目　录

一、菠菜

菠菜（图 1–1），又名波斯草、赤根菜等。为藜科菠菜属的一二年生草本植物。原产亚洲西部的伊朗。我国自唐朝开始栽培，分布极为广泛，南北各地普遍栽培。

图 1–1　菠菜

菠菜以绿色的叶片、叶柄，红色的直根和幼嫩的花茎供食用，可炒食、凉拌或做汤料等，味美可口，是广大市民所喜爱的一种营养价值很高的蔬菜。富含胡萝卜素、维生素 B、维生素 C、维生素 D 和蛋白质及钙、磷、铁等矿物质，还含有草酸。菠菜还具药用价值，常食菠菜有养血、止血、润燥等功效，能促进胰腺分泌，有助消化。其种子炒枯黄后研成细末，可治咳嗽、气喘。

菠菜为绿叶类蔬菜中最主要的一种，其耐寒性和适应性强，为秋、冬、春三季主要的绿叶蔬菜，供应期长，是保证1—2月淡季供应的主要蔬菜之一，在周年供应中起着很重要的作用。

菠菜除内销外，还可出口日本及欧洲国家。主要以速冻、脱水加工和制成蔬菜汁运销国外，具有很高的经济效益和社会效益。

（一）类型和品种

菠菜依其种子（果实）形态，可分为有刺种与无刺种两种类型。按叶片的形状可分为尖叶种和圆叶种。尖叶种一般即有刺种，圆叶种一般即无刺种。

1. 有刺种主要优良品种

（1）青岛菠菜　叶簇半直立，叶片卵圆形，先端钝尖，基部戟形，叶面较光滑，叶柄细长。抗寒力强，生长迅速，产量高，品质中等。适合晚秋和越冬季栽培。

（2）绍兴菠菜　叶簇半直立，叶呈三角形，基部有1对深裂叶，叶柄细长，心叶密生，叶面平滑。生长迅速，品质中等，耐热。适合夏播或早秋栽培。

（3）小叶菠菜（尖叶菠菜）　植株矮小，高10～12厘米，塌地生长。叶小而尖，叶柄短，叶厚、味甜，水分较少，品质好，供炒食。耐寒力强，适合秋季和越冬栽培，但产量较低。

2. 无刺种主要优良品种

（1）日本春秋大叶菠菜　从日本引进。植株生长势强，叶簇半直立。叶长椭圆形，嫩绿，叶片肥厚。味美，品质佳，产量高。适合春、秋、冬季栽培。

（2）广东圆叶菠菜 叶椭圆形至卵圆形，先端稍尖，基部有1对浅缺刻，叶片宽而肥厚，浓绿色。耐热，适于夏、秋栽培，耐寒力较弱。

（3）耐抽薹大叶菠菜 具有适应性广、抽薹晚、品质好、产量高的特点。株高25厘米，叶片阔箭头形，先端圆，长32～40厘米，宽14～18厘米。纤维少，品质好，种子无刺。比日本春秋大叶菠菜晚抽薹15～20天，产量高50%以上，每亩产量为2 500～3 000千克。

（4）全能菠菜 株形直立，单株叶片数9～17片。叶片先端钝圆，叶色浓绿，厚而肥大，光滑。单株重0.1千克左右，最大可达0.5千克以上。生育期为80～110天。涩味少，品质好，爽滑可口，每亩产量为2 100千克左右。抗逆性强，不易感染霜霉病、炭疽病、病毒病。可作速冻加工，加工率为50%，脱水加工率为5%。

（二）特征特性

菠菜直根发达，红色，味甜可食。主要根群分布在25～30厘米耕作层内。抽薹前叶片簇生于短缩茎上，抽薹后茎伸长，花茎幼嫩时亦可食用。叶片形状有尖叶和圆叶两种，色绿，质软。尖叶叶片狭长而较薄，先端锐尖或钝尖，叶柄细长。圆叶叶片肥大，有皱缩，叶形呈卵圆形或椭圆形，叶柄较短。单性花，少数两性花，雌雄异株，少数雌雄同株。雄花、雌花均无花瓣，雄花花萼4～5裂，花药纵裂，属风媒花。雌花花萼2～4裂，包被子房，子房 1 室，内含胚珠 1 枚，受精后形成“胞果”。“种子”实为果实，内有 1 粒种子，种子外面是坚硬的革质。根据果实的形态，分为有刺种和无刺种。有刺种果实坚硬且厚，每克种子约 90 粒。无刺种果实无刺，圆形，果皮较薄，每克种子约 110 粒。种子寿命 2 ~ 3 年。

菠菜植株形态上比较突出的是两性的表现，主要可分为以下 4 类：

一是绝对雄株。植株矮小，花茎上叶片不发达或呈鳞片状，仅生雄花，抽薹早，花期短。

二是营养雄株。植株较高大，花茎顶部叶片较发达，仅生雄花，抽薹较晚，花期较长。

三是雌性植株。植株高大，茎生叶较肥大，仅生雌花，抽薹较雄株晚。

四是雌雄同株。同一植株上具有雌花和雄花，能结种子，叶丛和茎生叶发育良好，抽薹开花期与雌株相近。

菠菜雌株、雄株比例一般为 1 ∶ 1。菠菜植株的不同性态，在栽培上有重要意义。绝对雄株植株小，抽薹早，春季栽培产量低，供应期短，而且花期短，在授粉和采种上意义不大，应及早拔除，以增加雌株及营养株的比例。营养雄株、雌性株及雌雄同株的植株大、产量高，而且抽薹晚，可以延长供应期，同时营养雄株的花期与雌性株相仿，花期也长，因而在授粉和采种上都是有利的性态。

菠菜种子发芽的最低温度为 4 ℃，最适温度为 15 ~ 20 ℃。温度升高发芽率降低并增加发芽天数。根据试验研究，35 ℃时发芽率不到20%。植株生长期间最适温度为20 ℃左右，在25 ℃以上的干热条件下，生长不良，叶片小而叶柄细长，质地粗糙，味涩易抽薹，尤其是有刺品种更是如此。成株耐寒力强，在冬季最低气温为 –10 ℃的地区，可以露地安全越冬；冬季平均气温低于 –10 ℃的地区，用风障或地面覆盖稍加保护，也可以在露地越冬。而具1 ~ 2片真叶的小苗和将要抽薹的成株，则抗寒力较差。

菠菜是典型的长日照植物，在12小时以上的长日照下通过光照阶段。据试验，12小时光照条件下，菠菜自播种后约需46天就能开花，而6小时短光照条件下，则需73天才能开花。花芽分化所需的温度范围较为广泛。

菠菜在生长过程中需要大量的水分，在空气相对湿度为80% ~ 90%、土壤相对含水量为70% ~ 80%的环境条件下生长旺盛。天气干旱时营养器官生长缓慢，叶组织老化，品质差。

菠菜要求疏松而肥沃、排水良好的沙质壤土或黏质壤土。适宜的土壤pH值为5.5 ~ 7.0，能耐微碱性土壤，但耐酸性较弱；在pH值为5以下的酸性土壤上栽培，植株生长不良。菠菜需要氮、磷、钾完全肥料，适当多施氮肥，则叶片肥厚，产量高，品质好，供应期亦长。缺硼时会出现叶簇塌地、缺绿，心叶多而小，叶形不正等。在施基肥的时候每亩（667平方米，以下同）可增施0.5 ~ 1.0千克硼砂，或配成溶液喷施叶面。

（三）栽培技术

1. 栽培方式与栽培季节

菠菜耐寒性强，在长江流域地区，一般都采用露地直播栽培方式（图 1–2）。但夏秋播种的夏菠菜（伏菠菜、火菠菜），为防止高温暴雨影响，而需采用防雨遮阳大棚或小棚栽培。

图 1–2　菠菜田间

一般分秋播、春播和夏播，其中以秋播为主。秋播自 8 月下旬至 11 月上旬均可播种，而以 9 月中旬为最适宜，自 10—12 月可陆续采收，或延至次年 3 月下旬，称秋菠菜或越冬菠菜；8 月下旬至 9 月上旬播种的，播后 30 ~ 40 天可分批采收，称早秋菠菜；7 月中旬至 8 月中旬播种的，采用防雨遮阳大棚或小棚栽培，播后 30 ~ 40 天采收，称为伏菠菜或夏菠菜、火菠菜；春播于 2 月上旬至 4 月下旬播种，但以 3 月中旬为适期，播后 30 ~ 50 天于 4 月上旬至 5 月下旬抽薹前分 2 ~ 3 批或 1 次采收结束。

菠菜不适合连作，一般可与前作黄瓜、番茄、茄子、毛豆等轮作。菠菜因植株矮小、适宜密植，可与植株较高大的结球甘蓝、花椰菜、大白菜、茄果类蔬菜、豆类蔬菜和春马铃薯、大蒜、洋葱等套种，还可与小白菜、荠菜等混作。一地二作，增产增收。

2. 一般菠菜的栽培技术

（1）整地施肥　菠菜主根较粗大，入土深，吸水能力强，耐旱不耐涝。应选择排水良好的沙质土或壤土栽培。在前茬收获后，清除田间残株落叶，然后进行耕翻晒垡，一般晒垡 7 ～ 10 天。亩施腐熟有机肥 1 500 ～ 2 000 千克或商品有机肥 400 ～ 600 千克，三元复合肥（NPK ≥ 30%）25 ～ 30 千克、尿素 10 千克，充分翻耕，做成 1.8 ～ 2.0 米的畦。

（2）播种　可采用撒播或条播，江南各地一般采用撒播法，北方地区有些地方为了管理方便和 1 次采收，则采用条播法。一般每亩播种量为 7.5 千克左右。但夏播和早秋播种时因高温出苗困难，晚秋播种时为了获得高产和延长采收期，则应增加播种量，一般每亩播 10 ～ 15 千克；春播菠菜 2 月上旬播种的，亩播 7.5 千克左右；3—4 月作为套种播种的，亩播 5 千克左右。

秋播菠菜，种子播种前最好用冷水浸种 1 昼夜，并事先进行畦灌，这样播后发芽快。如用干种子播种，则播后宜用水草或遮阳网贴地覆盖保湿，以降低土温，促使早发芽。早秋播种时，因气温高，种子处于休眠状态而不易发芽，因此在播种前必须进行低温催芽，以打破种子休眠，再加上菠菜种子果皮较厚，播后难于发芽，一般用木桩捣破果皮再用冷水浸种 24 小时后，置于 15 ～ 20 ℃的小型冷库内催芽。种子要经常翻动，并每天需用冷水冲洗 1 次，以防发酵，经 3 ～ 4 天见“露白”时（胚根突破种皮），大田浇足底水后播种。

（3）田间管理　菠菜的田间管理主要是早期除草、施肥与浇水及病虫害防治等。

① 除草：菠菜幼苗生长缓慢，杂草容易滋生，应及时拔除。

② 施肥与浇水：菠菜的施肥与浇水一般结合进行。菠菜喜湿，且单位面积株数多，因此在水肥管理上要勤，掌握“轻浇水勤浇水”的原则，保持土壤湿润并降低地温。在幼苗具2片真叶后，结合间苗、拔草、浇水，轻追肥一次，每亩浇施0.2%尿素溶液1 500 ~ 2 000千克；进入生长盛期，每亩追施尿素5 ~ 8千克。采收前15天停止施肥。

③ 防治病虫害：菠菜的主要病害有霜霉病、病毒病、炭疽病。病害防治首先考虑物理防治方法，如清洁田园，彻底清除病株残体，运往田外集中深埋；加强田间管理，增强植株抗性，大雨后及时排水，降低田间湿度；选用抗病耐病品种；播种量适当，合理密植，避免大水漫灌等。其次考虑化学药剂防治，霜霉病可在发病初期用杀毒矾、甲霜灵锰锌等药剂防治；炭疽病可用多菌灵、炭疽福美等药剂防治；病毒病重在预防，可以用植病灵病毒A可湿性粉剂等防治，同时注意及时防治蚜虫。药剂可交替使用，注意用药安全。

菠菜主要有蚜虫、潜叶蝇、菜青虫、小菜蛾等叶蛾类害虫。蚜虫一年四季都能危害绿叶类蔬菜。在设施栽培的条件下，用30厘米 ×20厘米的黄板，按照每亩挂30 ~ 40块的密度，悬挂高于植株顶部10 ~ 15厘米的地方。田间铺挂银灰膜也可驱避蚜虫，药剂防治可用吡虫啉或蚜虱净喷施防治，交替使用。潜叶蝇可用阿维菌素或虫螨克等防治。菜青虫、小菜蛾、叶蛾类害虫可用吡虫啉或除虫菊酯类农药防治。

（4）采收 菠菜适期播种时，分次采收的产量最高。秋季8月中下旬播种的，播后30～50天便可开始采收较大幼苗（4～5片真叶），以后每隔15～20天采收1次。每亩每次可采收250～500千克；9月下旬气候条件适宜，生长迅速，每亩每次可采收750～1 000千克；11月份以后，气温降低，生长缓慢，每亩每次采收数量逐渐减小为300～500千克。如果一直采收到次年抽薹前，可采收7～8次，亩总产量可达4 000千克左右。早秋菠菜，因高温影响，如播种耐热的广东圆叶菠菜，在11月底采收完毕，亩产量为1 500～2 000千克。春菠菜在2月上旬播种的，播后50天左右于3月下旬至4月上旬抽薹前分2次采收，亩产量为1 000千克左右。

3. 夏菠菜（伏菠菜、火菠菜）栽培技术

夏菠菜是指8—9月采收上市的菠菜，其经济效益和社会效益均高。但其播种期正值6月上中旬至7月，处于高温多暴雨的季节，栽培难度大。要获得成功，应重点解决好出苗、保苗和促进生长三大关键问题。

首先，要选用抗旱、耐热、生长速度快的品种，如日本春秋大叶、春夏菠菜、多功能菠菜、车头菠菜等。

第二，采用破壳、浸种、经低温催芽后播种（具体催芽方法同早秋菠菜）。

第三，选择地势较高燥、灌排两利的沙壤土或黏壤土栽培。耕深20～30厘米，晒垡10天以上，施有机肥作基肥，做高畦深沟。

最后，采用防雨降温栽培。播后搭棚覆盖遮阳网，降温降湿，防大雨冲刷，并保持土壤湿润。

伏菠菜生长期间，在肥、水管理上与早秋菠菜一样，要求轻浇水、勤浇水，选择在阴天或晴天早晚天凉、地凉、水凉时进行，苗期时应见干见湿，切忌浇大水，以免发病和烂根。

伏菠菜一般 8 月中下旬便可开始采收，至 10 月下旬结束，亩产量为 750 ~ 1 000 千克。

二、蕹菜

蕹菜（图 2–1），又名空心菜、藤藤菜、竹叶菜、通菜等。为旋花科甘薯属一年生或多年生蔓生草本植物。原产中国热带多雨地区，广泛分布于热带亚洲各地。我国自古栽培，水、陆均可生长，目前以西南、华南、华东、华中等地区栽培最普遍。

图 2–1　蕹菜

蕹菜以嫩茎、叶供食用，可爆炒或做汤等，清香可口，品质优良。其抗逆性强，病虫害少，农药污染也少。富含各种维生素和矿物质，与番茄相比：胡萝卜素含量高 7 倍、维生素 C 含量高 2.5 倍、粗纤维含量高 3 倍、钙含量高 25 倍，其他多种养分含量也高于番茄。蕹菜是人们在炎夏喜食的营养价值很高的粗纤维食物。在当今，人们摄食动物性脂肪较多的情况下，常食蕹菜等粗纤维食物，有助于消化和预防肠道疾病。

蕹菜味甘性平，有清热、凉血、解暑、祛毒、利尿等功效，外用还可治疮痈肿毒，有较高的药用价值。

蕹菜采摘后，又可自下部叶腋间抽生嫩梢，因此，可陆续不断地采收，直至10月下旬（霜降）为止，产量高，供应期长。蕹菜喜高温、多湿，在其他叶菜难于生长的高温、多雨季节仍能旺盛生长，所以它是堵“伏缺”的主要优质绿叶类蔬菜之一，在蔬菜周年供应上有重要作用。

（一）类型和品种

1. 栽培类型

（1）按能否结籽 可分结籽和不结籽两个类型。

① 结籽类型：称子蕹，主要用种子繁殖，也可扦插繁殖。耐旱力较强，一般旱栽，也能水生。植株长势旺盛，茎较粗，叶片大，叶色浅绿，夏秋开花结籽，是主要栽培类型。子蕹按花的颜色又可分为白花子蕹和紫花子蕹两种。紫花子蕹栽培面积较小，广西、湖南、湖北有栽培。

② 不结籽类型：称藤蕹，一般不开花，即使偶尔开花也不结籽，因此，生产上采用茎蔓扦插繁殖。藤蕹质地脆嫩，品质比子蕹更佳，生长期长，产量高。一般利用水田或沼泽地栽培，也可旱地栽培。如湖南的藤蕹茎粗壮，花白色，品质好；广州的细通菜、丝蕹不结籽，茎叶细小；四川的藤蕹粗壮柔嫩，叶较小，呈短披针形。

（2）按对水的适应性 可分为旱蕹和水蕹。

① 旱蕹：适于旱地栽培，味较浓，质地致密，产量较低。

② 水蕹：适于浅水或深水水面漂浮栽培（有些品种也可在旱地栽培），茎叶粗壮，味浓，质脆嫩，产量高。

2. 优良品种

目前江苏推广的旱蕹菜栽培品种，主要有江西吉安大叶蕹菜、泰国柳叶空心菜、赣蕹 1 号等。

（二）特征特性

蕹菜根为须根系，分布较浅，根群主要分布在 20 ~ 30 厘米的表土层内。根茎部易生不定根，再生能力强。茎圆形中空，柔嫩，绿色、淡绿色或带紫红色；旱生类型茎节较短，水生类型茎节较长，节上易生不定根，适于扦插繁殖。子叶对生，马蹄形；真叶互生，长卵圆形；基部叶心脏形或披针形，全缘；叶面光滑，绿色或浅绿色，叶柄长。花为聚散花序，1 至数花，腋生；花冠漏斗状，完全花，白色或淡紫色。多数品种在一般栽培条件下不开花结籽。蒴果卵形，内有种子 2 ~ 4 粒，种皮厚、坚硬、黑褐色，千粒重 32 ~ 37 克。

蕹菜性喜高温多湿的环境，不耐霜冻。种子发芽温度须在 15 ℃以上，种藤腋芽萌发初期须保持在 30 ℃以上方能发芽整齐。茎叶生长适温为 25 ~ 30 ℃，能耐 35 ~ 40 ℃高温，15 ℃以下生长缓慢，10 ℃以下生长停止，遇霜冻茎叶枯死。蕹菜是短日照作物，一定要在短日照条件下才能开花结籽，因此在长江流域地区留种困难。但不同品种对日照的反应不同，子蕹反应迟钝，适应范围广，如利用搭架等改善通风透光条件，在北方地区亦能采得种子；藤蕹对日照反应敏感，即使在西南地区和长江流域，甚至广州地区，也不能开花或花而不实。因此，多行无性繁殖。蕹菜需要较高的空气湿度和湿润的土壤，若环境干燥，则纤维增多，口感变差。对土壤要求不严格，但以保水保肥力强的黏土为好。蕹菜耐肥，对氮肥的需要量大。

（三）栽培技术

1. 栽培方式与栽培季节

蕹菜在江苏地区有露地栽培与设施栽培两种方式（图 2–2）。露地栽培一般可分为春播夏收的夏蕹菜栽培和夏播伏秋收的伏秋蕹菜栽培；设施栽培可分为晚秋播冬收的冬蕹菜栽培和冬播春收的春蕹菜栽培。可实现蕹菜的周年供应。

图 2–2　蕹菜田间生长状

2. 蕹菜露地栽培技术

（1）夏蕹菜栽培

① 选用品种：宜选用江西吉安大叶蕹菜或泰国柳叶空心菜等优良品种。

② 整地施基肥：直播或移栽的大田，应选择地势稍低、灌排两利的较肥沃的菜地。2—3 月当前茬出茬后随即耕翻冻垡，亩施腐熟的有机肥 2 000 ~ 2 500 千克或商品有机肥 600 ~ 800 千克，三元复合肥（NPK ≥ 30%）30 ~ 40 千克，施后翻耕细耙。精细整地，做高畦深沟，同菠菜。

③ 播种和育苗：

一是大田直接播种。江南地区，一般于 4 月上中旬露地直播。播种前，先按 20 ~ 25 厘米行距划浅条播沟，然后浇透水，待干后，再按 20 厘米左右穴距点播种子，每穴播 6 ~ 7 粒，亩用种量为 4 ~ 5 千克。播后盖细土，厚 1 厘米左右，随即覆盖地膜，将四周绷紧压实，以增温保湿，促使早出苗。

二是育苗。为了提早上市和节省种子，可利用大棚加小棚或塑料日光温室进行育苗后移栽大田。前茬出茬后，于 2—3 月随即耕翻冻垡，亩施有机无机复合肥 25 千克左右，翻入土中，作苗床基肥。精细整地，做苗床，8 米跨钢管大棚内做 3 畦苗床，畦宽 2 米，中间走道宽 50 厘米，两侧留边道；4 ~ 5 米跨竹大棚内亦做 2 畦苗床，各宽 1.5 米，中间走道 50 厘米，两侧边道宽各 50 厘米。江南地区，一般于 3 月上中旬播种育苗。播种前，苗床打足打匀底水，待干后，进行撒播，亩用蕹菜种子 20 ~ 25 千克，可移栽大田 15 ~ 20 亩。播后盖细土 1 厘米左右，随即覆盖地膜，架小棚，盖薄膜，夜间盖草帘防寒保暖。草帘每天早上8时揭去，下午4时前盖上。出苗前大棚白天不通风降温，以提高棚温，促使早出苗。经7～10天出苗60%后，中午轻轻拉去地膜。对尚未出苗的地方，用喷壶打一次“跑马水”，以助出苗整齐。经2天后，当白天大棚内气温达20℃时，可揭开小棚薄膜；当大棚内气温达25℃时，在大棚的背风一侧拉开通风口，通风降温，防止徒长，培育壮苗。育苗期间，如土壤干燥，可于晴天中午适当喷水浇苗。定植前7天左右，进行低温炼苗，以适应露地气候。当晚上最低气温在7℃以上时，可不盖草帘，10℃以上时，小棚可不盖薄膜。苗龄30～40天，苗高10～15厘米时，即可定植大田。

三是茎蔓扦插育苗。藤蕹用茎蔓扦插繁殖时，先在大棚内准备好苗床（同种子繁殖育苗），铺设电热线，其上铺6～7厘米厚的堆肥。一般于2月中下旬将种藤从地窖中取出，用温水泡湿，埋插于电热苗床的堆肥中，浇小水，其上再用少量堆肥覆盖，架小棚，盖薄膜，夜间盖草帘防寒保暖。出苗前，温度加至35℃。6～7天出苗后，保持温度在25～28℃。苗出齐后停止加温，晴天白天应揭开小棚多见光。待侧枝长7～10厘米时，可整藤移栽到秧田。0.1亩秧田需种藤20～25千克，可定植大田约10亩。秧田应选择烂泥层较浅、背风向阳、肥沃的田块，施基肥、耙平，并筑成高畦，畦宽约1.2米。然后将出芽的种藤按行株距17厘米×17厘米压入土中，让芽伸出土外，浇水保持土壤湿润。待侧枝长到20厘米长时，进行压蔓，促使不定根和2次侧枝生长。移栽后约40天，基部留2节，剪取侧枝定植大田。

以后每隔 7 ～ 8 天可再剪取 1 次侧枝定植大田。

种藤也可不经育苗，直接扦插于大田。

④ 定植：当苗或侧枝长到一定长度后，即可定植大田。目前蕹菜栽培有旱地栽培、水田栽培和浮水栽培 3 种方式。

旱地栽培的大田土壤及施肥准备，同露地栽培的整地施基肥部分。定植时，要合理密植，行株距 20 厘米 ×15 厘米，每穴 2 ～ 3 株，亩净株数约 45 000 株。

水田栽培的宜选择排灌方便、肥沃、背风、向阳、烂泥层较浅的田块种植。施足基肥，耕翻平整土地，然后将秧苗按行株距 24 ～ 26 厘米见方斜插于土中，要求入土深 2 ～ 3 节，叶和梢尖露出水面。

浮水栽培时，将秧苗头尾相间或呈羽状排列，按株距 15 ～ 20 厘米编织在草绳上。选择水深肥沃的烂泥塘，在塘的两边打桩，将草绳按大行 100 厘米，小行 40 厘米，在草绳两端用一较粗的铁丝制成较大的圆圈，宽松地套在木桩上，使草绳能随水位涨落而漂浮于水面。浮水栽培的田间管理简单，一般不追肥，但在缺肥的死水处，则应追肥，否则产量较低。

⑤ 田间管理：

一是揭除地膜。大田直接播种覆盖地膜的，当蕹菜出苗率达 70% 后，于下午 4 时左右揭去地膜，对于尚未出苗的浇小水 1 次。

二是追肥。蕹菜生长期长，旱地栽培的，除基肥施足外还需经常追肥，要求每采收 1 次追 1 次肥或浇 1 次水，肥水相间。追肥使用三元复合肥（NPK ≥ 30%）10 ～ 15 千克，尿素 3 ～ 5 千克。

三是浇水。旱地栽培时，小水勤浇，保持土壤湿润；水田栽培的，生长初期宜维持 3 厘米左右浅水，以利提高土温，生长盛期维持 10 厘米厚的水层。

⑥ 病虫害防治：蕹菜病虫害较少，主要有白锈病和斜纹夜蛾、卷叶虫、负蝗等虫害。

白锈病药剂防治，可在发病初期用波尔多液或 0.2 度石硫合剂及粉锈宁等喷雾，交替使用。斜纹夜蛾、卷叶虫、负蝗防治：发生时可用苦参碱、威克达等生物农药或高效、低毒、低残留的化学农药喷雾防治，交替使用，7 ~ 10 天 1 次，连续 2 ~ 3 次。

⑦ 采收：适期采收是保证蕹菜优质高产的关键之一。旱蕹菜定植后 30 天左右、直播的播种后 50 天左右，株高达 30 厘米左右时，基部留 3 节，采摘嫩茎上市。采摘时间宜在早上，此时嫩茎含水量高，脆嫩，容易采摘。以后植株自叶腋可长出分枝，待分枝长高后，又可留基部 2 ~ 3 节，采摘嫩梢食用。生长旺盛期每隔 7 ~ 10 天采摘 1 次，可陆续采到 6—7 月，亩产量为 2 000 千克左右。第一、第二次采摘的嫩茎，亦可作水栽的种秧。

水田栽培的，在藤蔓长 35 厘米左右时，进行第一次采摘，基部留 2 ~ 3 节，促进侧枝生长。采收 3 ~ 4 次后，基部只留 1 ~ 2 节，否则分枝太多而细弱，影响产量和品质，也可疏除部分过密侧枝和除去部分老蔸。水田栽培的藤蕹，品质好，产量高，亩产量可达 10 000 千克左右。

浮水栽培的蕹菜 5 月下旬下水后 20 多天，在嫩梢长 20 ~ 25 厘米时，便可采摘，这时温度高，每 10 ~ 15 天即可采摘 1 次；天凉以后，隔 20 多天采摘 1 次。采收方法同旱蕹。到生长后期，茎叶衰老，此时秋季叶菜种类已多，可放任蕹菜生长，作为动物青饲料，至霜降以前采收完毕。

（2）伏秋蕹菜栽培 夏蕹菜连续采收 2 ~ 3 个月后，加之气温升高，嫩梢纤维含量增加，影响品质。为了提高商品性，可在 7 月上旬至 8 月上旬，夏蕹菜出茬后或另找别地再播 1 ~ 2 批伏秋蕹菜，于 8—9 月“伏缺”期间上市，肥水管理好，勤采摘，可延续至 10 月下旬。

① 选用品种：可选用泰国柳叶空心菜或江西吉安大叶蕹菜等优良品种。

② 整地施基肥：前茬夏蕹菜出茬后，立即耕翻晒垡，要求晒垡 10 天以上。施基肥、整地、做畦要求，同夏蕹菜栽培。

③ 播种：伏蕹菜 7 月上旬至 8 月上旬播种，秋蕹菜 8 月下旬至 9 月中旬播种。多行条播，行株距（20 ~ 25）厘米 ×（3 ~ 4）厘米，亩用种量为 8 ~ 10 千克。适当增加用种量，可一次性采收。播种后用细土盖籽，再用遮阳网贴地覆盖，浇水时直接浇在遮阳网上，防止种子和土壤受到冲刷。

④ 田间管理：

一是出苗后，于下午 4 时后及时揭去遮阳网，使秧苗见光，生长更健壮。

二是浇水和追肥。伏蕹菜生长期正值高温干旱季节，因此宜经常浇水，保持土壤湿润。浇水要求在早晚天凉、地凉、水凉时进行，轻水勤浇，使蕹菜生长良好。追肥，如果是一次性采收的，宜在上市前 10 天左右追肥 1 次，每亩追施三元复合肥 10 ~ 15 千克，尿素 3 ~ 5 千克。

⑤ 病虫害防治：同夏蕹菜栽培。

⑥ 采收：伏蕹菜播种后，气温高，植株生长迅速，7—8 月播种的，播后 15 ～ 20 天即可一次性采收上市，可连根拔起。也可经 1 ～ 2 次间拔后，再分次采摘上市，加强肥水管理，勤采摘，可延长采收期。采摘方法同夏蕹菜栽培。

秋蕹菜播种后 20 ～ 25 天即可采摘上市，采摘方法同夏蕹菜栽培。

3. 蕹菜设施栽培技术

（1）大棚冬蕹菜栽培　冬蕹菜是指晚秋（10 月上旬至 11 月上旬）播种，采用大棚加小棚加草帘 3 层覆盖，冬季注意防寒保暖，于冬季 12 月至翌年 2 月采收上市的蕹菜。

① 选用品种：宜选用江西吉安大叶蕹菜等优良品种。

② 整地施基肥：大棚内前茬出茬后，及时耕翻晒垡，施基肥（种类、数量同夏蕹菜栽培），精细整地、做畦，盖好棚膜和围裙膜。做畦规格要求，同夏蕹菜栽培中的种子繁殖育苗部分。

③ 播种：自 10 月上旬至 11 月上旬，按 10 天左右 1 批，分期播种。采用条播，行株距为 15 厘米 ×3 厘米，先打底水后播种。要合理密植，适当加大播种量，亩用种 8 ～ 10 千克。播后盖细土，覆盖地膜，增温保湿，同时架小棚，夜间盖草帘防寒保暖。

④ 大棚管理：每天早上 8 时左右揭去草帘，使小棚内见光增温，下午 4 时左右盖草帘。经 7 天左右，当蕹菜种子出苗率达 60% 时，于晴天中午轻轻拉去地膜。发现尚未出苗之处，用喷壶打 1 次“跑马水”，以助出苗整齐。当大棚内气温达 20 ℃时，揭开小棚薄膜；当大棚内气温达 25 ℃时，在大棚背风一侧

拉开通风口，适当通风降温和排湿，降低大棚内空气湿度，防止病害的发生与蔓延。土壤干旱时适当浇水，浇水可与追肥相结合，方法是 50 千克水中加入尿素 300 克。以后随植株长大，还可追肥 1 次，50 千克水中加入尿素 500 克，浓度不能太高。或用 0.2% ~ 0.3% 磷酸二氢钾进行根外追肥，使蕹菜植株生长健壮，叶色嫩绿，品质脆嫩。冬蕹菜生长期正值冬季，夜间一定要注意防寒保暖，以防蕹菜生长缓慢或受冻后抗性差而易罹病害。

⑤ 采收：根据天气及气温情况，播后 50 ~ 70 天当植株高度达 20 ~ 25 厘米时，可一次性采收上市。此时正值冬季，特别是元旦、春节两大节日期间，若有蕹菜供应市场，具有很高的经济效益和社会效益。

（2）大棚春蕹菜栽培　春蕹菜是指冬季 1 月上旬播种，采用大棚加小棚加草帘 3 层覆盖，注意防寒保暖，于 3 月中下旬开始采摘上市的蕹菜。

① 选用品种：宜选用江西吉安大叶蕹菜等优良品种。

② 整地施基肥：前茬出茬后，及时耕翻冻垡，施基肥（种类、数量同露地夏蕹菜栽培），精细整地，做畦（做畦规格要求同露地夏蕹菜栽培中种子繁殖育苗部分）。

③ 播种：为了提高大棚的经济效益，可采用混作、套种等栽培形式。如蕹菜与苋菜混作。在前茬出茬后及时耕翻冻垡、施基肥、精细整地、做畦等基本农事作业完成后，覆盖大棚薄膜（包括围裙膜）。春苋菜于 1 月上旬先撒播，播后随即点播春蕹菜，行株距 20 厘米 ×15 厘米，每穴播蕹菜种子 6 ~ 7 粒。气温较低时可覆盖地膜，架小棚，夜间盖草帘防寒保暖。

④ 大棚管理：方法同大棚冬蕹菜栽培。减少追肥量，以防止苋菜先期现蕾开花，延长采收供应期。

⑤ 采收：苋菜于 3 月上旬开始间拔采收，至 4 月下旬结束；蕹菜 3 月中旬末开始采摘上市，至 6 月中旬末结束。也可提早至 5 月中旬结束，因为 5 月下旬开始，露地栽培的蕹菜进入大量采摘上市期，单价降低，经济效益有所下降。

三、落葵

落葵（图 3-1），又名木耳菜、紫角叶、御菜、藤菜、豆腐菜、软浆叶、染绛子等。为落葵科落葵属一年生蔓生草本植物，野生种为二年生。原产中国、印度，非洲栽培也较多。我国早在公元前 300 年的《尔雅》中已有记载，栽培历史悠久，南方各省区栽培普遍。20 世纪 90 年代初，长江中、下游地区诸多省、市，将落葵作为特需蔬菜或特种蔬菜大面积推广栽培，并形成规模和周年生产。

图 3-1　落葵

落葵主要以幼苗、嫩叶和嫩梢供食用，可炒食、烫食、凉拌、作汤料等。色泽碧绿鲜嫩，具清香味，食时清脆嫩滑爽口，如食木耳，别具风味。但若炒过“火候”或变烫食为煮食，则有黏悬感而无清脆爽口风味。落葵营养价值高，富含蛋白质、维生素、胶质、皂素、矿物质及甜菜拉因等，其中胡萝卜素的含量为番茄的15倍，钙的含量为番茄的25倍多，在绿叶类蔬菜中名列前茅。其叶、种子还可入药，味甘、微酸、冷滑，有散热、利尿、润泽人面之功效。

落葵抗逆性强，病虫害少，农药污染也少，是人们在炎夏季节喜食的营养价值很高的优良蔬菜。和蕹菜相似，经采摘后又可自下部叶腋间抽生嫩梢，因此，可多次采收直至深秋。落葵耐高温高湿，在南方7—9月高温多暴雨季节仍生长良好，是堵8—9月“伏缺”的主要优质叶菜之一，在蔬菜周年供应上有重要作用。

（一）类型和品种

落葵的类型有红花落葵、白花落葵和黑花落葵等，菜用栽培的主要是红花落葵和白花落葵两种。

1. 红花落葵

红花落葵的茎呈淡紫色至粉红色或绿色，叶片的长与宽近乎相等，侧枝基部的几片叶较狭长，叶片基部心脏形。

（1）赤色落葵　又名红叶落葵，简称红落葵。茎淡紫色至粉红色。叶片深绿色，叶脉及叶缘附近紫红色，叶片卵形至近圆形，顶端钝或微凹，叶形较小，长宽各6厘米左右。穗状花序，花梗长3.0 ~ 4.5厘米。原产于印度、缅甸及非洲等地。

品种较多，如广州红梗藤菜，株高2 ~ 3米，茎圆柱形，淡紫色，分枝力强，以采摘嫩叶为主。播种至始收60 ~ 70天，延续收获 70 天。生长势强，耐高温多雨、骤雨，易罹病害。质细滑，品质中等。江口县的江口红落葵，亩栽 8 000 ~ 10 000 穴（每穴 1 ~ 3 株），每株平均有 80 ~ 120 片叶，叶片平均重 3.5 ~ 5.0 克（成熟功能叶），亩产量为 2 500 ~ 3 500 千克（主食叶片的上架落葵）。

（2）青梗落葵　为赤色落葵的一个变种，除茎为绿色外，其余特征特性与赤色落葵基本相同。

（3）广叶落葵　又名大叶落葵。茎绿色，老茎局部或全部带粉红色至淡紫色。叶深绿色，顶端急尖，叶片心脏形，基部急凹入，叶柄有明显的凹槽，叶形宽大，叶片平均长 10 ~ 15 厘米，宽 8 ~ 12 厘米。穗状花序，花梗长 8 ~ 14 厘米。原产东南亚及我国海南、广东等地。

广叶落葵的优良品种较多，如重庆大叶落葵、湖南大叶落葵、贵阳大叶落葵、江口大叶落葵等。近年来，从日本引进的日本大叶落葵是一个优质高产良种。但对高温短日照条件要求严格，因此，在长江中、下游地区，必须在深秋短日照条件下，以塑料薄膜大棚覆盖保温，才能开花结籽。

2. 白花落葵

白花落葵又名白落葵、细叶落葵。茎淡绿色。叶绿色，叶片卵圆形至长卵圆披针形，基部圆或渐尖，顶端尖或微钝尖，边缘稍波状，其叶形最小，平均长 2.5 ~ 3.0 厘米，宽 1.5 ~ 2.0 厘米。穗状花序，有较长的花梗，花疏生。原产于亚洲等热带地区。

（二）特征特性

落葵根系发达，分蘖性强，根部可萌生侧芽。茎肉质，右旋缠绕，分枝性强，绿色或淡紫色。单叶互生，近圆形或卵圆形，先端钝或微凹，肉质光滑，绿色或紫红色。穗状花序，腋生，夏季开花，两性花，白色或紫红色。果实为浆果，圆形或卵形，绿色或紫绿色，老熟后紫红色；含种子 1 粒，球形，紫红色，开花后 1 个月左右成熟，千粒重 25 克左右。

栽培种落葵，系一年生高温短日照作物，喜温暖，耐热和耐湿性较强，高温多雨季节生长仍旺，但耐涝性较差，切忌积水伤根。不耐寒，遇霜枯死。15 ℃以上幼芽才能出土，种子发芽适温为 20 ℃左右，生育适温为 25 ～ 30 ℃，持续 35 ℃以上高温，只要不缺水仍生长良好。落葵对土壤的适应性较广，在 pH 值为 4.7 ～ 7.0 的土壤中均能生长，但最适土壤 pH 值为 6.0 ～ 6.8。

（三）栽培技术

1. 栽培方式与栽培季节

在长江中、下游地区，为了实现落葵的周年供应，其栽培方式，采用露地栽培和设施栽培相结合的方式。

以露地栽培为主，播种期 4—8 月，可分期播种，多次采收，以保证落葵的商品质量和延长供应期。播种后 40 天左右即可采摘嫩梢、嫩叶或间拔幼苗上市，陆续供应市场直至深秋下霜止。落葵植株较小，生长速度快，适于密植或与其他蔬菜间套作，可与春甘蓝、春花菜、春马铃薯套种，还可和瓜类（如冬瓜）等高架蔬菜套种，在落葵畦的一侧（南北向畦，在西侧）搭立 1 行篱壁架，绑蔓上架，以主蔓结瓜，剪去侧蔓。另一侧（东侧）不搭架作操作走道。

为了延后至冬季供应和提早到春季上市，可采用设施栽培。9月上旬播种，采用穴播，10月中旬覆盖大棚加小棚（图3–2）。当最低气温达10 ℃时，小棚上加盖草帘防寒保暖，并加强肥水管理，可延后采摘至12月。南京市在10月至翌年2月中旬分期播种，早期采用撒播，除了用大棚加小棚加地膜（出苗后揭去）加草帘覆盖外，夜间气温低时，再用铺埋在土壤中的电热线通电加温，提高土温。当苗高15 ~ 20厘米时，间拔上市，可丰富市场1—4月的蔬菜供应品种。

图3–2　落葵田间

2. 整地施基肥

前茬出茬后，及时耕翻冻垡或晒垡，施基肥，亩施腐熟的有机肥2 000 ~ 2 500千克或商品有机肥600 ~ 800千克，三元复合肥30 ~ 40千克，翻入土中作基肥。精细整地，做畦。做畦方式同菠菜。

3. 播种

生产上一般采用直接播种。为使早出苗，播种前可先将落葵种子用温水浸泡 1 ~ 2 天。

播种多为条播，行距 20 ~ 30 厘米，沟深 3 ~ 4 厘米。采收嫩梢者，每亩播种量为 6 ~ 7 千克；采收嫩叶者，每亩播种量为 4 ~ 5 千克。然后盖薄土，覆盖地膜（春播、秋冬播时），以利出苗快而整齐。

采收幼苗者，可采用撒播。主要是设施栽培中秋冬播种的落葵，因气温是由高到低的变化，植株生长缓慢，若将来采用一次性采收，则每亩播种量为 15 ~ 20 千克。

也可育苗移栽，以节省用种量和延缓上茬作物出茬时间。行株距同上。

4. 田间管理

（1）出苗后的管理 露地栽培的，春季采用穴播后地膜覆盖栽培的，出苗后划破地膜，助苗出土，并用细土封口，防止膜下高温烧苗。设施栽培的，主要是秋冬播种的，一般采用撒播，播后亦用地膜覆盖，以利早出苗，但出苗后应及时揭去地膜。每天早上 8 时揭去小棚上的草帘，让落葵幼苗见光。当大棚内气温达 20 ℃时，揭开小棚薄膜；达 25 ℃时，拉开大棚通风口适当通风换气排湿；当大棚内气温下降至 25 ℃以下时，立即关闭大棚通风口，盖小棚薄膜，下午 4 时盖草帘，使植株多见光，促使生长健壮。

（2）追肥 落葵生长期长，除施足基肥外，在采摘后还需分次追肥，特别是追施速效氮肥。一般亩用尿素 10 千克兑水后浇施。

（3）浇水 落葵喜湿，但又忌积水烂根，因此，原则上掌握小水勤浇，保持土壤湿润为宜。一般是采收一次，结合追肥浇水一次。遇暴雨后应及时排除田间积水。

（4）中耕松土 一般在定植活棵后，上架前和每次采摘后，进行中耕松土、除草一次，并适当在植株基部培土。

（5）整枝打叉 株高 33 厘米时应搭架引蔓。根据栽培目的不同，采用相应的整枝方法。

① 采收肥壮嫩梢者：在株高 35 厘米时，留 3 ～ 4 片叶采摘头梢，选留 2 个强壮侧芽成梢，其余抹去。在生长旺盛期，可选留 5 ～ 8 个强壮侧芽成梢。中后期随时尽早抹去花茎幼蕾。采收末期，植株长势减弱，可进行整枝，留 1 ～ 2 个强壮侧芽成梢，这样有利于延长采收期，提高后期茎、叶产量。

② 采收肥厚柔嫩叶片者：整枝方法较多，但应遵守这样一个基本原则：选留的骨干蔓（除主蔓外），一般均为植株基部的强壮侧芽。骨干蔓上，一般不再保留侧芽成蔓。骨干蔓长至架顶时摘心，摘心后，再从骨干蔓基部选留 1 个强壮侧芽成蔓，逐渐代替原骨干蔓，成为新的骨干蔓。原骨干蔓的叶片采收完毕后，从紧贴新骨干蔓处剪掉下架。在采收末期，可根据植株长势的强弱，减少骨干蔓数，同时，也要尽早抹去花茎幼蕾。这样，叶片肥厚柔嫩，虽植株平均叶片数少，但叶片重，品质好，商品价值高，总产量和总产值也高。搭架方式以直立栅栏架为好。

通过搭架栽培，增加了植株的受光面积，实现了植株在空间的合理分布；通过摘除花茎幼蕾和腋芽，防止生长中心的过快转移，减少了过多的生长中心。这是植株调整的关键措施，也是高产稳产的关键措施之一。

（6）病虫害防治 落葵的病虫害很少，病害主要为褐斑病和灰霉病，虫害主要有蛴螬。褐斑病防治方法：一是与非藜科、非落葵科作物轮作，深耕；二是上架落葵，搭栅栏架，因通风透光好，防病效果好；三是在发病初期，用代森锰锌可湿性粉剂喷施，7 ~ 10 天喷 1 次，连喷 2 ~ 4 次，可控制病情。灰霉病一般在落葵生长中期开始发病，主要危害叶片和叶柄，严重时可致叶片腐烂，发病初期可用苯菌灵可湿性粉剂或乙烯菌核利可湿性粉剂喷施，每 10 天喷 1 次，连喷 2 ~ 3 次。蛴螬为地下害虫，可在冬季进行深耕冻垡，冻死越冬虫源。在生长季节，可用 1.1% 苦参碱 1 000 倍液灌根防治。

5. 采收

采收嫩梢者，当主茎高 15 ~ 20 厘米、侧梢长 10 ~ 15 厘米时，即可采摘，用剪刀剪或手摘。采收嫩叶者，以叶片肥厚柔嫩时采摘。采收幼苗者，以苗高 15 ~ 20 厘米时采收。亩产量分别可达 2 000 ~ 4 000 千克。

四、茼蒿

茼蒿，又名蓬蒿、春菊、蒿子秆。为菊科菊属一二年生草本植物。原产欧洲地中海沿岸。我国自古就有栽培，分布广泛。茼蒿以幼嫩的茎叶供食用，可炒食、凉拌和做汤，味鲜嫩可口，并具有一种特殊的清香味，是群众喜食的蔬菜之一。

茼蒿营养丰富，除含蛋白质、碳水化合物、粗纤维、维生素和矿物质外，还含有13种氨基酸，其中丙氨酸、天冬氨酸和脯氨酸含量较多。此外，中国传统医学认为：茼蒿有清血、养心、降血压、润肺、祛痰之功效。茼蒿适应性广，栽培容易，在北方地区春、夏、秋三季，南方地区春、秋两季都能在露地栽培，冬季可进行设施栽培，对蔬菜的周年供应和增加市场蔬菜花色品种有重要作用。

（一）类型和品种

茼蒿按叶片大小，可分为大叶茼蒿和小叶茼蒿两类。

1. 大叶茼蒿

大叶茼蒿（图4–1）又称板叶茼蒿或圆叶茼蒿。叶宽大，缺刻少而浅，叶肉厚；嫩枝短而粗，纤维少，品质好，产量高；但生长较慢，成熟稍迟，栽培比较普遍。

2. 小叶茼蒿

小叶茼蒿（图4–2）又称花叶茼蒿、细叶茼蒿或鸡爪茼蒿。

叶狭小，缺刻多而深，叶肉薄，但香味浓；嫩枝细，生长快，品质较差，产量低；较耐寒，成熟较早，栽培较少。此种类型，后发展为嫩茎用品种，也被称为“高秆茼蒿”，栽培广泛。

图 4-1　大叶茼蒿

图 4-2　小叶茼蒿

（二）特征特性

茼蒿根系入土浅，须根多。茎直立，分枝性强，可陆续采摘嫩梢。叶淡绿色，叶片长而肥厚，互生，呈羽状裂刻，叶缘锯齿状。头状花序，单花舌状，黄色或白色。种子为瘦果，褐色，小而瘦长，上有 3 个凸起的翅肋，千粒重 1.8 ~ 2.0 克，种子寿命 2 ~ 3 年，使用年限 1 ~ 2 年。

茼蒿为半耐寒性蔬菜，喜冷凉湿润的气候，不耐高温。种子在 10 ℃即可发芽，发芽最适温度为 15 ~ 20 ℃。在 10 ~ 30 ℃范围内均能生长，以 18 ~ 20 ℃为最适生长温度，12 ℃以下和 30 ℃以上生长缓慢，能耐短期 0 ℃低温。茼蒿为短日照作物，在高温和短日照条件下抽薹开花。对土壤要求不严，以湿润的沙壤土为最好，最适土壤 pH 值为 5.5 ~ 6.8，生长期间要求较多的肥水。

（三）栽培技术

1. 栽培方式与栽培季节

茼蒿的栽培方式有露地栽培和设施栽培两种。春季大棚栽培的1月上中旬播种，小棚栽培的2月上中旬播种，露地栽培的2月下旬至3月下旬播种。秋季大棚抗暴雨栽培的8月上中旬播种，9月中下旬一次性采收上市。南京称此时栽培的茼蒿为伏茼蒿，因生产难度大，市场紧俏，具有较高的经济效益。秋季露地栽培的8月下旬至9月中旬播种。冬季小棚栽培的10月下旬播种，大棚栽培的11月中旬播种，可在翌年1—3月采收上市，此时，市场茼蒿紧缺，又正值元旦、春节期间，具有较高的经济效益和社会效益。

春茼蒿露地栽培的多以小白菜为前作，后作为瓜、豆类蔬菜，也可将早熟瓜、豆套种在茼蒿中。秋茼蒿则以早熟的茄果、瓜、豆类蔬菜为前作，第一次采收后可以套种小白菜。根据菜农的经验，将腌菜套种在秋茼蒿中，可以减轻腌菜的病虫害，提高产量和改善品质。

2. 露地栽培

（1）整地施基肥　前茬出茬后，及时耕翻冻垡或晒垡，施基肥，亩施腐熟的有机肥1 500 ~ 2 000千克或商品有机肥400 ~ 600千克，三元复合肥20 ~ 30千克，翻入土中作基肥。精细整地，做畦，方法同菠菜。

（2）播种　茼蒿一般采用直播，播种方法以撒播为主，也可条播。撒播每亩播种量为4 ~ 5千克，为了增加产量和提高质量，播种量可加大到6 ~ 7千克。条播的按行距10厘米播种，亩用种量为 2.0 ～ 2.5 千克。采用干籽播种的，播后用木踏板踏平畦面，以使种子和土壤密接。春季播种的还需覆盖地膜，将四周绷紧压实，增温保湿，促进早出苗。

秋季播种时因气温较高，为了使早出苗和出苗整齐，播种前可进行浸种催芽。方法是将种子先在凉水中浸泡 24 小时，捞出稍晾干后置于 15 ～ 20 ℃条件下催芽（种子用纱布包裹后可悬吊于井水面上），每天用清水冲洗 1 次，待种子露白时即可播种。播后浇透水，盖细土，厚约 1 厘米，其上再覆盖遮阳网。以后每天浇水时直接浇在遮阳网上，防止种子和土壤受到冲刷。

（3）田间管理

① 及时揭去地膜和遮阳网：春、秋播种的茼蒿出苗后，应及时揭去地膜和遮阳网，以利幼苗健壮生长。

② 浇水：春茼蒿出苗后，见地面发白时及时浇水，控制水分，预防猝倒病发生。秋茼蒿播种后，因气温高，蒸发量又大，需每天早、晚各浇水 1 次。出苗后，每天浇水 1 次，保持土壤湿润。浇水量不宜过大，以免烂根。

③ 追肥：当幼苗子叶展开，开始破心时，可施第一次追肥，结合浇水追施速效氮肥，每亩施尿素 8 ～ 10 千克。具 3 ～ 4 片真叶时，施第二次追肥。以后看幼苗生长情况，适当追肥。

④ 植保：茼蒿病虫害很少。若有蚜虫发生，可用黄板诱蚜或者植物源农药苦参碱喷施，7 天 1 次，连续 2 ～ 3 次。

（4）采收　茼蒿自播种后，一般 40 ～ 50 天即可采收。当植株高度达 10 ～ 15 厘米时，可间苗采收。当植株高度达 20 厘米左右时，可采摘嫩茎上市，隔 10 ～ 15 天当叶腋间抽生嫩梢时可再次采摘上市，采收期可达 1 个多月。也可用利刀在主茎基部保留 2 ～ 3 厘米桩后割下上市，1 个月后可再收一茬。春茼蒿容易抽薹，应在抽薹前及时采收结束。大叶茼蒿亩产量为 1 500 ～ 2 000 千克，小叶茼蒿亩产量为 750 ～ 1 000 千克。秋茼蒿生长期长，可陆续采收 3 ～ 4 次。大叶茼蒿亩产量可达 2 500 ～ 3 000 千克，小叶茼蒿亩产量可达 1 500 ～ 2 000 千克。

3. 设施栽培

（1）大棚冬、春茼蒿栽培　11 月中旬开始播种，至翌年 1 月上旬止。播种后，用踏板踏平畦面土壤。播种后出苗前，采用大棚加小棚加地膜 3 层覆盖，出苗后，揭去地膜和小棚薄膜。如遇 - 10 ℃严寒天气，晚上仍需覆盖小棚薄膜，御寒防冻。土壤干旱时，小水勤浇，保持土壤湿润。

出苗后的管理：在棚温管理上，当大棚内气温达 18 ℃时，应揭开大棚两侧通风口降温排湿，通风口应由小到大，刮风天气应在背风一侧拉开通风口，棚温控制在 20 ℃以下为宜，以免引起茼蒿的先期抽薹现象。当大棚内气温降至 13 ℃时，立即关闭大棚通风口。如果土壤出现干旱时，应结合追施尿素进行肥水管理，促进冬、春茼蒿植株的健壮生长。

（2）小棚冬、春茼蒿栽培　小棚冬茼蒿于 10 月下旬播种，小棚春茼蒿于 2 月上中旬播种。播后用踏板踏平土壤，覆盖地膜，随即架小拱棚。土壤干旱时，小水勤浇，出苗后揭去地膜，小棚薄膜一般情况下不揭开，如遇严寒天气，应加盖草帘防冻。土壤干旱时，应结合追施尿素进行肥水管理，促进冬、春茼蒿健壮生长。

（3）伏茼蒿设施栽培　于 8 月上中旬播种，此时常遇高温暴雨天气，露地伏茼蒿难于生长，必须采用大棚耐湿栽培。

为打破茼蒿种子的高温休眠，播种前，宜对种子进行浸种和低温催芽处理，方法同前早秋播种催芽法。见种子露白后，立即播种于盖有顶膜、两侧可拉起通风的大棚内。

播后用耧耙轻耧地 1 次，浇透水，并注意浇匀，贴地覆盖遮阳网，每天早晚天凉、地凉、水凉时各浇小水 1 次，保持土壤湿润，降低土温，有利伏茼蒿早出苗。浇水时可直接浇在遮阳网上，防止种子和土壤受到冲刷。出苗后揭去遮阳网，并每天早晚各浇 1 次水。

如遇暴雨天气，必须在下雨前把两侧薄膜拉下防雨。雨过后，随即把薄膜拉起通风降温。高温期间，下午在大棚西侧用遮阳网覆盖以遮阳降温。伏茼蒿生长期间，注意加强肥水管理，促进植株生长健壮。

伏茼蒿也可采用干种子直接播种在大棚内（不经浸种催芽），播后用踏板踏平畦面土壤。以后每天早晚各浇 1 次水，保持土壤湿润，降低土温，有利早出苗。出苗后的管理同上。采收期要比浸种催芽后播种的晚 10 天左右。

五、苋菜

苋菜，又名米苋。为苋科苋属一年生草本植物。原产我国，长江流域以南地区栽培较多，为夏季主要的绿叶类蔬菜。苋菜以幼苗或嫩茎叶供食用，可炒食或做汤食，也有取其老茎切段，经腌渍后取其滤液加入面粉调和后蒸食的，风味独特。苋菜清香、酥嫩、爽口，味道鲜美，而且营养丰富，其中钙的含量约为菠菜的 3 倍，铁的含量为菠菜的 2.5 倍，在蔬菜中名列前茅。此外，其胡萝卜素和抗坏血酸含量也很高，适于贫血者和小儿食用。苋菜全株可入药。

苋菜耐热性强，适应性广，抗逆性也很强，病虫害很少，农药污染也少，是人们在夏秋季节喜食的绿叶类蔬菜之一。为长江以南地区早春（设施栽培）和夏、秋淡季上市，增加花色品种，调节市场供应的优良绿叶类蔬菜品种。

（一）类型和品种

苋菜可分为圆叶种和尖叶种两大类：圆叶种，叶圆形或卵圆形，叶面常皱缩，生长较慢，较迟熟，产量较高，品质较好，抽薹开花较晚；尖叶种，叶披针形或长卵形，先端尖，生长较快，较早熟，产量较低，品质较差，较易抽薹开花。依叶的颜色可分为绿苋、红苋和彩色苋三大类。

1. 绿苋

绿苋（图 5–1）的叶和叶柄为绿色或黄绿色，食用时口感较红苋和彩色苋更硬，耐热性较强，适于春、秋两季播种。如上海的白米苋，较晚熟，耐热性强，适于春播和秋播；广州的柳叶苋、矮脚圆叶苋，前者早熟，后者晚熟；杭州的尖叶青、白米苋，前者早熟，后者晚熟；南京的木耳苋、秋不老，前者早熟，品质好，后者晚熟，品质较差，适于夏季栽培；无锡的青苋菜 1 号品种，纤维少，口感好，耐热抗病。

图 5–1　绿苋

2. 红苋

红苋（图 5–2）的叶片和叶柄为紫红色，食时口感较绿苋软糯，耐热性中等，适于春季栽培。如广州的红苋，晚熟，耐热性强；南京的红苋菜，叶片玫瑰红色，卵圆形，叶面皱缩，叶柄浅紫红色，早熟，抗逆性强，品质优良，适于早春设施栽培和夏季露地栽培。

图 5-2 红苋

3. 彩色苋

彩色苋（图 5-3）的叶缘为绿色，叶脉附近紫红色，质地较绿苋软糯，早熟，耐寒性较强，适于早春栽培。如上海的尖叶红米苋，又名镶边米苋，叶片长卵形，先端锐尖，叶面微皱，叶缘绿色，叶脉附近紫红色，叶柄红色带绿。较早熟，耐热性中等。还有上海、杭州、南京的花红苋菜，又名一点珠、一点红，叶片红绿相间，心脏形，叶面微皱，叶柄绿色，中晚熟，耐热，品质优。

图 5-3 彩色苋

（二）特征特性

苋菜根系较发达，分布深而广。茎高 80 ~ 150 厘米，有分枝。叶互生，卵状椭圆形至披针形，平滑或皱缩；长 4 ~ 10 厘米，宽 2 ~ 7 厘米；有紫红、绿、黄绿或杂色。花单性或杂性，极小，穗状花序，雄蕊 3 枚，雌蕊柱头 2 ~ 3 个。果实为胞果，盖裂。种子圆形，紫黑色，有光泽，极小，千粒重 0.7 克左右。

苋菜喜温暖气候，耐热不耐寒。10 ℃以下种子发芽困难，生长最适温度为 23 ~ 27 ℃，20 ℃以下植株生长缓慢。苋菜为短日照作物，在高温短日照条件下极易开花结籽。在长日照条件下，营养生长旺盛，产量高，品质好。对土壤要求不太严格，但在结构疏松、肥沃、保水保肥力强、偏碱性的土壤中生长良好。在生长期中适当多施氮肥，可使植株柔嫩，品质好。

（三）栽培技术

1. 栽培方式及栽培季节

苋菜一般都采用露地栽培，但为了早春提早上市和冬季延后上市，可采用大棚设施栽培。

苋菜从春季到秋季均可栽培（3 月下旬至 8 月上旬播种），春播抽薹开花较迟，茎叶柔嫩，品质较好；夏、秋播较易抽薹开花，品质稍差。在长江中下游地区，3 月下旬至 6 月上旬播种，5 月上旬至 7 月上旬采收的为夏苋菜；7 月下旬至 8 月上旬播种，8 月下旬至 9 月下旬采收的在南京被称为伏苋菜。对堵缺补淡，增加花色品种有很大意义。

大棚春苋菜栽培，于 1 月上旬即可播种，可与春蕹菜混作，于3月上旬、苗高10厘米左右时，分次间拔采收，至4月下旬结束。蕹菜自3月下旬开始采摘嫩梢上市，至6月下旬采收结束，一地两作，增产增收。

大棚冬苋菜栽培，于10月中旬播种，采用大棚加小棚加草帘覆盖，分3次间拔采收，可延后至1月下旬采收结束。对增加冬季蔬菜花色品种意义很大。

苋菜植株矮小，适宜密植，为速生叶菜，可与早熟栽培的茄果、瓜、豆类蔬菜进行间作、套种，或与春蕹菜混作，在不影响主作的前提下，充分利用空间和时间，取得提早供应市场和增加经济收益的“双赢”。

2. 露地栽培

（1）夏苋菜栽培技术

① 品种选择：选用耐热性强的花红苋、青苋等品种。

② 整地施基肥：前茬出茬后，及时耕翻冻垡，一般耕翻2次，深20厘米左右，亩施腐熟的有机肥1 000 ~ 1 500千克或商品有机肥300 ~ 500千克，三元复合肥30 ~ 40千克。苋菜种子很细小，必须做到精细整地、做畦，做到能灌能排，旱涝保收。

③ 播种：早春播种的，因气温较低，苋菜出苗较差，播种量宜多，亩用种量为3 ~ 5千克，晚春播种的亩用种量为2千克，初夏播种的亩用种量则需1千克左右即可。

一般采用撒播法，播得要均匀，可与细土混合后再播，每畦来回2 ~ 3次播完。播后轻镇压1次，使苋菜细小的种子与土壤密接，亩用500 ~ 1 000千克腐熟的有机肥。随即覆盖地膜，将四周绷紧压实，防止大风吹刮，增温保湿，有利于苋菜种子早出苗。

④ 田间管理：早春播种的由于气温低，播后 7 ～ 10 天出苗，出苗后及时揭去地膜。晚春和初夏播种的，播后 3 ～ 5 天即可出苗。当幼苗有 2 片真叶时，进行第一次追肥，12 天以后进行第二次追肥，第一次采收苋菜后进行第三次追肥。以后每采收 1 次，均需追施尿素 8 ～ 10 千克，以保证苋菜柔嫩的品质和延长采收期。

当苋菜采收后，苗距较稀，杂草容易生长，因此，在第一次采收后 7 天左右，就要进行田间拔草工作。以后每次采收后，都要根据田间杂草情况，进行除草，以免妨碍苋菜的生长。

⑤ 病虫害防治：苋菜抗逆性较强，病虫害较少。病害主要有白锈病，该病 6 月上旬开始发生，高温高湿条件发病重。感病植株叶面出现黄色病斑，叶背群生白色圆形隆起的孢子堆。白锈病虽然不会严重影响苋菜的产量，但使苋菜品质大大降低。防治方法：苋菜生长期间，不使其处于高温、高湿的环境；药剂防治可用代森锰锌、甲基托布津或粉锈宁喷施，交替使用，每隔 7 ～ 10 天 1 次，连续 2 ～ 3 次，防治效果好。虫害主要有蚜虫，可用吡虫啉喷施防治，喷药时要把叶片正、反面都喷到。

⑥ 采收：苋菜是 1 次播种多次采收的绿叶类蔬菜。春播的，播后 50 ～ 60 天，苗高 10 厘米左右，具 5 ～ 6 片真叶时开始采收；夏播的，播后 20 ～ 25 天时便可开始采收。以后每隔 7 ～ 10 天采收 1 次，掌握收大留小的原则，留苗均匀，以增加后期的产量。一般可连续采收 3 ～ 4 次，每次采收后都需施追肥 1 次，以促进幼苗继续健壮生长，最后留苗距 12 厘米左右。待植株长到

20 ~ 25 厘米时，基部留 12 厘米左右，剪收嫩头，以后自叶腋间又可再生分枝继续采收。亩产量可达 1 000 ~ 2 000 千克。

苋菜除作新鲜叶菜以外，还可任其充分生长，采收肥大的茎部，切段经腌渍后供食用。栽培方法同上，但播种一般较迟，并可育苗移栽，行株距扩大至 26 ~ 33 厘米。

（2）伏苋菜栽培技术

① 品种选择：选用耐热的荷叶苋和秋不老等品种。

② 整地、施基肥、做畦：同夏苋菜。

③ 播种：于 7 月下旬至 8 月上旬播种，采用撒播，亩播种量为 1.5 千克左右。播后用踏板轻镇压 1 次，贴地覆盖遮阳网。

④ 加强水肥管理：以"三凉"为原则进行灌溉。夏季气温高，蒸发快，播种后必须及时浇水，要在天凉、地凉、水凉的清晨和傍晚，每天浇小水 2 次，保持土壤湿润，降低土温，促使伏苋菜种子早出苗。浇水时，可直接浇在遮阳网上，以免冲刷种子和土壤。出苗后，及时揭去遮阳网，仍需保持每天浇小水 1 次。此外，在苋菜生长期间，还必须追施尿素 2 次。促使伏苋菜生长柔嫩，提高品质。

8 月下旬至 9 月上旬，当伏苋菜植株高度达 15 厘米左右时，用镰刀齐土面割取嫩茎叶上市。

3. 设施栽培

（1）大棚春苋菜栽培技术

① 品种选择：选用较耐寒的红苋或花红苋品种。

② 耕翻、施基肥、精细整地：同露地夏苋菜栽培。

③ 播种：1 月上旬可与春蕹菜大棚栽培混作。先撒播春苋

菜，然后点播春蕹菜，用踏板轻镇压，覆盖地膜，架小拱棚。

④ 管理：苋菜出苗后及时揭去地膜，中午揭开小棚，用喷壶喷水 1 次。齐苗后，当大棚内气温达 20 ℃时，揭开小棚；当大棚内气温达 25 ℃时，适当拉开通风口通风、降温、排湿。

大棚春苋菜播种后 60 天左右（3 月上旬）、苗高 10 厘米左右时，开始间拔采收，扎把上市。采收后第二天下午，追施稀尿素 1 次。以后每隔 10 ～ 15 天间拔采收 1 次，首先要把春蕹菜苗四周的春苋菜间苗采收，以促使混作的春蕹菜生长良好，这样便可一直采收到 4 月下旬结束，其中视情况追肥，此时春苋菜已开始现蕾。春苋菜亩产量可达 2 500 千克左右。

大棚春苋菜栽培，亦可与早熟栽培的茄果、瓜、豆类蔬菜套种，一地两作，增产增收。

（2）大棚冬苋菜栽培技术 选用较耐寒的品种，于 10 月中旬播种，亩播种量为 2.5 ～ 3.0 千克，采用大棚加小棚加地膜（出苗后揭去）加草帘覆盖栽培。施足基肥，播种后，轻压 1 次。冬苋菜植株生长期间，在大棚温度管理上，当大棚内气温达 25 ℃时才可于中午适当通风降温排湿 1 次；如遇严寒天气，必须加盖草帘防冻。加强肥水管理，做到每间拔采收 1 次，结合浇水追肥 1 次，分 3 次采收，可延后到 1 月下旬结束。对增加冬季市场蔬菜花色品种，有很大意义。

六、芫荽

芫荽，又名香菜、胡荽、香荽、壁虱菜等。为伞形科芫荽属一二年生草本植物。芫荽为古老蔬菜，原产欧洲地中海沿岸及中亚。我国自汉代引入，已有2 100多年的栽培历史。芫荽以叶及嫩茎供食用，可凉拌、汤食或炒食、煮食，也有盐渍后食用的。因茎叶有特殊气味，多作为香辛类蔬菜栽培，可作为调味品，能增进食欲，也可作装饰拼盘用。芫荽病虫害很少，农药污染也少，是人们日常生活中喜食的一种香辛蔬菜。

图6-1 芫荽

芫荽营养丰富，蛋白质、脂肪、碳水化合物、粗纤维、钙、磷、铁、胡萝卜素和维生素C的含量均较高，其中钙、铁的含量，分别为菠菜的2.5倍和3倍，胡萝卜素的含量超过黄胡萝卜。种子含芳香油量达20%以上，为提取芳香油的重要原料。中国传统医学认为：芫荽果实还可入药，有祛风、透疹、健胃及祛痰之功效。芫荽现在已可周年生产，对调节市场供应、增加蔬菜花色品种具有重要作用。

（一）类型和品种

1. 栽培类型

芫荽按叶片大小，可分为大叶品种和小叶品种两个类型。大叶品种，植株较高，叶片大，缺刻少而浅，产量较高；小叶品种，植株较矮，叶片小，缺刻深，香味浓，耐寒，适应性强，但产量较低。

按种子大小，可分为大粒种和小粒种两个类型。大粒种，果实直径为7 ~ 8毫米；小粒种，果实直径仅有3毫米左右。中国栽培的属小粒种类型。

2. 优良品种

（1）泰国抗热香菜　是从泰国引进的品种，抗热，耐寒，株高20 ~ 28厘米，开展度14 ~ 20厘米，叶缘波状浅裂，叶柄绿白色，单株重10 ~ 15克。香味浓，纤维少，品质优。适宜四季栽培。

（2）大叶芫荽　株高13厘米左右，叶片深绿色，叶缘深裂，叶面平滑，有光泽，叶柄浅绿色，单株重15.7克。抗寒性强，香味略淡。春、秋两季均可栽培，生长期为 60 ～ 160 天，亩产量为 750 ～ 1 000 千克。

（3）青梗芫荽 株高 20 厘米左右，叶片深绿色，叶缘深缺刻，叶柄浅绿色，单株重 128 克。抗寒性强，香味浓。生长期为 60 ～ 160 天，亩产量为 500 ～ 750 千克。

（二）特征特性

芫荽主根较粗，白色。茎短呈圆柱状，中空有纵向条纹。子叶披针形，根出叶丛生，长 5 ～ 40 厘米，1 ～ 2 回羽状全裂复叶，互生，有特殊香味，叶柄绿或淡紫。植株顶端着生复伞形花序，花小，白色。果实为双悬果，内有种子 2 粒，具有香味，可作调料，亦可提炼芳香油，千粒重 2 ～ 3 克。

芫荽喜冷凉气候，并且耐寒性较强，能耐 –12 ～ –1 ℃低温，生长适温为 15 ～ 18 ℃。属长日照作物，每天 12 小时以上的长日照能促进其发育。在短日照条件下，需 13 ～ 14 ℃较低温度才能抽薹开花。芫荽的适应性较强，处于营养生长时期的植株，既可度过酷暑，也能在简易覆盖条件下，经受较长时期的严寒。因此，在中国各地生长季节内均可栽培。但以日照较短、气温较低的秋季栽培产量高，品质好。芫荽喜湿润环境，对土壤要求不严格，但在保水性强、有机质含量高的土壤中生长良好。

（三）栽培技术

1. 栽培方式与栽培季节

芫荽在长江流域地区，春、秋、冬三季均可露地栽培，加上设施栽培（图 6–2）可周年供应。春芫荽 10 月下旬至 11 月上旬播种，翌年 2—4 月上市；夏芫荽 3—4 月播种，5—6 月上市；伏芫荽 6 月下旬至 7 月下旬播种，采用遮阳网覆盖遮阳降温栽培，或在丝瓜棚、佛手瓜棚下阴凉处栽培，8—9 月上市；秋芫荽 8 月中旬至 9 月中旬播种，9—11 月上市；冬芫荽 10 月份播种，11 月至翌年 1 月上市。

图 6–2　芫荽田间生长状

芫荽株形较矮小，生长速度较快，可与生长缓慢的大蒜、洋葱或茄果、瓜、豆类蔬菜间作、套种。

2. 露地栽培

（1）整地、施基肥、做畦　同一般绿叶类蔬菜，并做到高畦深沟，能灌能排，旱涝保收。

（2）播种　采用直接撒播或条播，亩用种量为 2 ~ 3 千克。

因芫荽种壳坚硬，难以发芽，播种前应先将种壳碾开。可采用浸种催芽后播种，或干籽播种。

浸种催芽方法：先将种子在清水中浸泡 4 ~ 5 小时后，装入纱布口袋或蒲包内，置于 20 ~ 25 ℃条件下进行催芽，经 7 ~ 10 天，当幼根刚露白时即可播种。播种前应先将菜畦浇透水，待水渗下后播种，要播得均匀。播后随即盖一薄层细土，盖土要均匀，再覆盖遮阳网，以后每次浇水时就直接浇在遮阳网上，以防止种子和土壤受到冲刷。干籽播种的，播种后用耧耙轻耧地 1 次，再用踏板轻镇压，覆盖遮阳网，以后浇水直接浇在遮阳网上。条播间、套种时，可按 6 ~ 8 厘米的行距开沟，沟深 2 ~ 3 厘米，播种后用踏板轻镇压，覆盖遮阳网同上。

（3）田间管理　芫荽播种后需勤浇小水，保持土壤湿润，促进早出苗。出苗后及时揭去遮阳网。齐苗后控制浇水，宜见干见湿，促进根系生长，使幼苗健壮。苗高 3 ~ 4 厘米时，植株进入旺盛生长期，需勤浇小水，保持土壤湿润，并结合使用腐熟的有机肥追肥 2 ~ 3 次。条播的需中耕除草和适当间苗。撒播的不中耕，但需间苗和拔除杂草，然后追施尿素 1 次，每亩用 3 ~ 5 千克。芫荽在生长期主要遭受蚜虫危害，可用黄板诱蚜，也可用化学药剂如吡虫啉防治。

（4）采收　芫荽播种后 40 ~ 60 天、当植株高度达 15 厘米左右时，即可间拔（连根）采收，扎把上市。亩产量可达 1 000 ~ 2 500 千克。

3. 伏芫荽遮阳降温栽培

南方地区 6—7 月，气温很高，芫荽出苗较困难，植株生长缓慢。可采用遮阳网覆盖遮阳降温栽培，亦可播种在丝瓜棚、佛手瓜棚下阴凉处。若经 20 ℃浸种催芽后播种，那更理想，播种方法及田间管理方法同露地栽培。浇水时间应在早晚天凉、地凉、水凉时进行，降低土温，有利伏芫荽生长。播种后 40 天左右、苗高 10 厘米左右时，即可间拔采收，亩产量为 500 ~ 750 千克。伏芫荽于 8—9 月“伏缺”期间上市，为高档蔬菜，而且对调剂市场供应、增加蔬菜品种有很大的作用，具有很高的社会效益和经济效益。

为了使早春的芫荽提早上市，可在 11 月上旬开始，对晚秋播的芫荽用小棚覆盖栽培，或与大棚内其他蔬菜间作、套种。

七、莴笋

莴笋（图 7–1），又名莴苣笋、青笋等。为菊科莴苣属莴苣种中能形成嫩茎的变种，一二年生草本植物。原产欧洲地中海沿岸及西亚，在中国的地理和气候条件下，经过长期的栽培驯化，莴苣演变成特有的茎用莴苣——莴笋。目前在中国各地普遍栽培，日本也有种植。

图 7–1　莴笋

莴笋以肥大的嫩茎和嫩叶供食用，可凉拌、炒食或煮食，清香、脆嫩、爽口；也可盐渍、糖渍或制成泡菜和酱莴笋等，可终年食用。如江苏省邳州市的薹干菜是莴笋的干制品，陕西省潼关的酱莴笋是莴笋的腌渍品，在国内外享有盛名。莴笋病虫害少，农药污染也少，且营养丰富，是广大群众喜食的一种绿叶类蔬菜。

莴笋茎叶中含有乳状汁液，内含莴苣素，味苦，有镇痛催眠作用，可提炼后用于制药。

（一）类型和品种

根据莴笋叶片形状，可分为尖叶和圆叶两个类型，各类型中依茎的色泽又有白皮、青皮和紫皮莴笋之分。

1. 尖叶莴笋

叶披针形，先端尖，叶簇较小，节间较稀，叶面平滑或略有皱缩，色绿或紫。肉质茎棒状，下粗上细。较晚熟。苗期较耐热，可作秋季或越冬栽培。主要品种有：柳叶莴笋、青翠 1 号、四青香尖、夏秋香尖、宝剑 1 号、金冠、陕西尖叶白皮莴笋、成都尖叶、特耐热二白皮、上海尖叶、南京白皮香、青皮莴笋等。

2. 圆叶莴笋

叶片长倒卵形，顶部稍圆，叶面皱缩较多，叶簇较大，节间密，茎粗大（中下部较粗，两端渐细），成熟期早，耐寒性较强，不耐热，多作越冬春莴笋栽培。主要品种有：夏秋香笋、东方神韵、香格里拉、红翠竹、元帅、佰盛 2 号、好香圆叶、特耐寒二白皮、二青皮、济南白莴笋、陕西圆叶白皮莴笋、上海小圆叶、大圆叶、南京紫皮香、湖北孝感莴笋、湖南锣槌莴笋等。

（二）特征特性

莴笋为直根系，侧根多数，浅而密集，主要分布在 20 ~ 30

厘米土层中。茎短缩。叶互生，披针形或长卵圆形等，淡绿、绿、深绿或紫红色，叶面平展或有皱褶，全缘或有缺刻。短缩茎随植株生长逐渐伸长加粗，茎端分化花芽后，在花茎伸长的同时茎加粗生长，形成棒状肉质嫩茎，肉色淡绿、翠绿或黄绿色。圆锥形头状花序，花浅黄色，每 1 花序有花 20 朵左右，一般为自花授粉，有时也会发生异花授粉。果实为瘦果，黑褐或银白色，附有冠毛，可随风吹散，应在果实全部成熟前采种。

莴笋为半耐寒性蔬菜作物，喜冷凉的气候，忌高温，稍能耐霜冻。种子在 4 ℃以上即能发芽，但所需时间较长。发芽最适温度为 15 ~ 20 ℃，4 ~ 5 天即可发芽，在 30 ℃以上时，种子不能发芽。在夏秋季节，欲使其提早发芽，必须经过低温处理。幼苗可耐 –6 ~ –5 ℃低温，在长江流域地区可露地越冬，但它的耐寒力随植株的成长而降低。幼苗生长的适宜温度为 12 ~ 20 ℃，当日平均气温达 24 ℃左右时生长仍旺盛。但温度过高，地表温度达 40 ℃时，幼苗茎部受灼伤而倒苗，所以秋莴笋育苗时应遮阳降温。茎、叶生长适宜温度为 11 ~ 18 ℃，在夜温较低（9 ~ 15 ℃）、温差较大的情况下，有利于茎部肥大。如果日平均气温达 24 ℃以上时，则消耗大于积累，并易引起未熟抽薹，茎部遇 0 ℃以下低温会受冻。莴笋开花结实要求较高的温度，在 19 ~ 22 ℃温度条件下，开花后 10 ~ 15 天种子即可成熟，若低于 15 ℃则开花不能结实。

莴笋为长日照作物，在短日照条件下会延迟开花期。长日照伴随温度的升高而使莴笋发育加快，并且早熟品种反应敏感，中晚熟品种反应迟钝。莴笋为浅根性作物，吸收能力较弱，且叶面积大，耗水量多，因此需经常浇水，保持土壤湿润。特别是在产品器官形成期，如茎部膨大期更不可缺水。莴笋宜在肥沃、保水性好且富含有机质的黏壤土或壤土中生长。莴笋需肥量较大，尤以氮素营养和钾素营养更为突出，磷次之，在生长期中应充分供给养分，这是获得高产的关键。莴笋对土壤 pH 值要求不严格，适应性较强。

（三）栽培技术

1. 栽培方式与栽培季节

莴笋一般都采用露地栽培（图 7–2），亦可进行设施栽培，以调剂市场供应。20 世纪 90 年代以来，全国许多地区通过选择适宜品种，分期播种，辅以设施栽培，已能实现四季生产，周年供应。

图 7–2　莴笋田间生长状

（1）春莴笋　10 月中旬播种，露地育苗，11 月下旬定植，采用大棚栽培，翌年 2 月采收上市；10 月上旬播种，露地育苗，

11月中旬定植，地膜栽培，翌年3月上市；10月上旬播种育苗，11月中旬定植，露地栽培，翌年4—5月采收上市。

（2）夏莴笋 2月上旬播种，小棚育苗，3月中旬定植，地膜栽培，5—6月采收上市；4月中下旬播种，露地育苗，5月上旬定植，6月下旬至8月中旬采收上市。

（3）伏莴笋 7月中旬经低温催芽后播种，遮阳防雨育苗，8月中旬定植，遮阳网栽培，9月中旬至10月上旬采收上市。

（4）秋莴笋 8月中旬经低温催芽后播种，遮阳防雨育苗，9月中旬定植，10月中旬至11月上旬采收上市。

（5）冬莴笋 8月下旬至9月上旬播种，露地或遮阳防雨育苗，9月下旬至10月上旬定植，11月上旬覆盖小棚，若遇严寒天气，晚上小棚上加盖草帘防冻，或采用大棚栽培，11月下旬至翌年1月上旬采收上市。但目前主要栽培季节为春、秋两季。

2. 春莴笋栽培

（1）品种选择 选用耐寒性较强而较早熟的品种，如上海细尖叶、成都耐寒二白皮、重庆红莴笋、香帅、南京白皮香等。

（2）播种和育苗

① 播种期：播种后40 ~ 50天，定植时秧苗具有4 ~ 5片真叶，则冬季可以安全越冬。在冬季较寒冷的长江中下游地区，以定植成活后越冬为好，越冬时植株过大易受冻害。一般在9月下旬至10月上中旬播种为宜。地膜和露地栽培的于9月下旬至10月上旬播种；大棚栽培的10月中旬播种。

② 育苗：莴笋多先育苗而后移栽。要培育壮苗，首先应选用品质优良的种子。在育苗时应尽量选用重的、饱满的种子。适

当稀播，以免幼苗拥挤，生长瘦弱，定植后活棵慢，冬前生长衰弱，抗寒力、抗病力差，越冬时造成死苗缺株，影响来年产量。特别是 10 月份播种的春莴笋和 4 月份播种的夏莴笋，此时气候温和，土温适宜，出苗容易，播种量尤不宜大，一般每亩苗床用种量以 0.75 千克左右为宜，可定植大田 10 亩左右。此时气温不高，不必进行低温催芽处理。苗床应以腐熟有机肥为底肥，并适当配合使用磷、钾肥料。及时间苗，苗距保持在 3 ～ 4 厘米，加大通风透光，防止幼苗徒长。苗期应适当控制浇水，使叶片肥厚、平展、叶色深，有利于定植后增加抗寒能力。

（3）整地和定植 莴笋耐肥，应选择保水保肥力强的土壤栽培。耕翻 2 次，深 20 厘米以上，施足基肥，每亩可用腐熟的有机肥 2 000 ～ 3 000 千克加有机无机复合肥 50 千克，一次性翻入土中。整平耙细后做平畦，并做到灌排两利，旱涝保收。

莴笋幼苗具 4 ～ 5 片真叶时，即可定植。为保护秧苗根系，上午应对苗床适当浇水，下午挖苗时可多带土，避免损伤根系，以免影响成活和以后的生长。应选择土壤湿度适宜时或阴天定植，尽量不要损伤根系。要适当深栽，并将土稍压紧，使根部与土壤密接。定植时的行株距因品种和季节而异，早熟品种 20 厘米 ×18 厘米左右，中、晚熟品种 30 厘米 ×25 厘米。在气温较高不适合莴笋生长的季节，可种植密一些；在适合莴笋生长的季节，可适当稀植一些。

莴笋虽是较耐寒的作物，但为防御冬季寒冷和提早采收，亦可采用低沟栽植。方法是在南北向的畦上，做成与畦向垂直的平行沟，沟深 13 ～ 15 厘米，把植株栽在沟中。这样可挡住冬季的北风，并可利用白天阳光直射提高土温，促使莴笋在冬末春初加速生长，提早采收上市。

（4）田间管理　春莴笋定植后气温低，幼苗生长缓慢，对水分、养分的吸收利用也少。越冬前的田间管理工作，主要是定植后应随即浇定根水 1 次，水要浇透浇匀，促进活棵。土壤上冻前，再追施 1 次重肥防冻。每次追肥前进行中耕松土 1 次，直到植株叶片封行为止，使土壤疏松，以利白天吸收更多的热量，促进根系生长。并结合中耕培土壅根，保护根颈以防受冻。越冬期间应适当控制浇水和施肥，促使植株生长老健，提高抗寒力。开春天暖后应施追肥，以促进叶丛生长。当花茎开始膨大时，应及时供应充足的养分和水分，以利形成肥大而柔嫩的肉质茎，水分要均匀，每次追肥量不要太多。追肥不可过晚，以防肥茎开裂。

此外，对晚熟的加工用品种，在株高达 40 厘米左右时，将顶端摘除，促使嫩茎肥大。

对于大棚栽培的春莴笋，于 11 月下旬至 12 月上旬定植后，应加强通风降温，防止窜苗。肥茎膨大期，棚温不能太高，以 18 ℃为大棚通风口启闭标准。如果温度过高，将来肥茎细长，严重影响产量和品质。

（5）病虫害防治　莴笋的病虫害比较少，病害主要有霜霉病、菌核病，虫害主要有蚜虫。

① 霜霉病：春秋两季均会发生，特别在雨水多时最易发生。发病初期在基部的叶片上出现近圆形或受叶脉限制成多角形的淡黄色病斑，叶背面发生浓厚的白色霜霉层，有时在叶片正面也能看到；最后病斑变成褐色并连成一片，全叶变黄枯死。本病可在

很短时期内遍及全株，几天以后全田呈现黄色，严重影响产量。防治方法：一是适当控制栽植密度，增加中耕次数，降低畦间湿度。二是防止田间积水，降低土壤湿度。三是和十字花科、茄科等蔬菜轮作，2 ~ 3 年 1 次。四是及时摘除病叶，带出田外集中销毁。五是发病初期可使用波尔多液或代森锰锌喷施防治。

② 菌核病：主要发生在地面茎基部。先出现水渍状，并逐渐扩大，最后茎腐烂。病部遍生白色丝状物及黑色较大的鼠粪状颗粒（菌核）。病株叶片变黄凋萎，最后枯死。高温不利发病，只在温暖潮湿的条件下，才容易发病，一般以春秋两季发病多。栽植过密，生长过旺，施用未腐熟过的有机质肥料，易加重病害的发生。防治方法：一是深耕培土，开沟排水，增施磷、钾肥，改善田间通风透光条件，以增强植株抗病能力。二是盐水选种（10 份水加 1 份盐），去除混在种子中的菌核。三是及时拔除初发病株和清除枯老叶片，并集中烧毁；收获时连根拔除病株，以免菌核遗留田中。四是发病初期或种株花谢后，喷洒代森锰锌可湿性粉剂溶液。

③ 蚜虫防治方法：一是黄板诱蚜、灭蚜。二是药剂防治。开展田间调查，当有蚜株数量达到 2% 左右时，应立即用药剂防治，可用吡虫啉或苦参碱喷施防治，要使植株上、下及叶片正、反面都喷到，7 天 1 次，连续 2 ~ 3 次。

（6）采收　莴笋主茎顶端与最高叶片的叶尖相平时（群众称“平口”），茎部已充分肥大，品质脆嫩，为收获适期。如收获过早则影响产量，但收获过晚因花茎迅速伸长，纤维增多，茎皮增厚，肉质变硬甚至中空，品质降低。春莴笋早熟品种亩产量为 900 ～ 1 000 千克；中晚熟品种亩产量为 1 500 ～ 2 000 千克；加工用的晚熟品种亩产量为 2 500 ～ 3 000 千克。

3. 秋莴笋栽培

秋莴笋栽培没有春莴笋普遍，但近年来长江中下游地区各大中城市，为了增加秋季蔬菜品种，秋莴笋的栽培面积日益扩大。

秋莴笋的播种育苗期正是炎热季节，温度高，种子不易发芽，育苗困难；出苗后秧苗容易徒长；在高温长日照条件下易引起莴笋的先期抽薹现象。因此，能否育出壮苗和防止未熟抽薹，是秋莴笋栽培成败的关键。

（1）品种选择 宜选择耐热、对高温长日照反应比较迟钝的中晚熟品种，如南京的圆叶白皮莴笋、紫皮香，成都耐热二白皮、柳叶莴笋，上海大圆叶晚种，武汉竹竿青等。

（2）适期播种 长江中下游地区，秋莴笋从播种到收获需 60 ～ 70 天，适宜秋莴笋茎叶生长的适温期是在秋季旬平均气温下降到 22 ℃左右（南京地区 9 月中旬）以后的 20 ～ 30 天时间内（根据品种不同而异），所以苗期宜安排在该时间段的前 1 个月比较安全。长江中下游地区，秋莴笋播种适期为 8 月中旬，须经过低温催芽后播种。过早播种容易引起先期抽薹，过晚播种虽然不易抽薹，但后期遇早霜生长期短、产量低。

（3）培育壮苗 苗床应选择土壤疏松肥沃、排水良好的高燥阴凉地。播种前 15 天必须耕翻晒垡，施用少量腐熟的有机肥，每亩苗床可施 2 000 ～ 3 000 千克，并配合施用少量磷肥、钾肥，然后打碎土垡，精细整地做苗床。

秋莴笋播种时气温高，往往超过 30 ℃，如果直接播种，因种子处于休眠状态而不发芽，因此，在播种前必须进行浸种和低温催芽处理，以打破种子休眠。具体做法：将种子先用清水淘洗，漂去瘪籽，留下饱满的、重的种子，用凉水浸泡 4 ～ 5 小时，然后将种子用纱布包裹，适当沥去水分后，置于 15 ～ 18 ℃温度条件下见光催芽（发芽快），每天用凉水冲洗种子 1 次，并上下翻动。也可将种子直接放入冰箱冷藏室内，每天用凉水冲洗种子 1 次，并上下翻动。这样经 3 ～ 5 天，当莴笋种子露白时，立即播种于浇透水的苗床上。播种后再撒一些干细土盖籽。为防止高温暴雨袭击，宜采用遮阳防雨大棚育苗。

秋莴笋播种时气温高，出苗率低，应适当增加播种量，每亩苗床播种子 1.0 ～ 1.5 千克。根据出苗情况，适当进行间苗，以免秧苗过密引起徒长，定植后出现先期抽薹现象。

秋莴笋播种后，每天早晚天凉、地凉、水凉时各浇水 1 次。齐苗后每天浇水 1 次，保持土壤湿润，降低土温，有利幼苗生长。以后见干见湿，促进秧苗根系生长。生长中期，随浇水施低浓度水溶肥。

（4）施肥整地 定植前及时耕翻晒垡，晒垡天数至少要有 15 个太阳日以上。施基肥、精细整地、做畦在前茬夏菜出茬后进行。施基肥，亩施腐熟的有机肥 1 500 ～ 2 000 千克，加三元复合肥 50 千克，1 次翻入土中。精细整地，做高畦深沟，并做到能灌能排，旱涝保收。

（5）定植及田间管理 当苗龄达 25 天左右，最长不超过 30 天，具 4 ～ 5 片真叶时及时定植。苗龄太长也易引起先期抽薹。定植前的上午，对苗床地先浇水 1 次，以便下午起苗时少伤根，并可多带土。于晴天傍晚或阴天定植，适当浅栽，用土压实根部。行株距为25厘米 ×25厘米。随即浇定根水1次，要浇透、浇匀。第二天、第三天早晨还必须复水1次。在浇过定根水后可直接用遮阳网贴地覆盖，可减少浇水次数并有利活棵。活棵后揭去遮阳网。秋莴笋生长期短，活棵后应加强肥水管理，在长好叶片的基础上，促进肥茎的迅速膨大，这是秋莴笋高产的关键，也是防止先期抽薹的重要措施之一。活棵后追施三元复合肥20 ~ 30千克提苗，以后适当减少浇水，进行中耕松土，促进根系发育。莲座期追施第二次肥，加速叶片的发生与叶面积的扩大，直至封行。茎部开始膨大时施第三次追肥，用速效性氮肥和钾肥，促进茎部肥大。生长后期应停止浇水、追肥，防止肥茎开裂。

（6）病虫害防治　同春莴笋。

（7）采收　秋莴笋于10月上旬至11月中旬采收上市，亩产量为1 000 ~ 1 500千克。

4. 夏莴笋栽培

（1）南京圆叶白皮香品种　于2月上旬播种，用小棚或大棚播种育苗，3月中旬定植。大田准备、田间管理、病虫害防治等同春莴笋。5—6月采收上市，亩产量为1 000 ~ 1 500千克。

（2）南京圆叶紫皮香品种　于4月中下旬播种育苗，5月上旬定植。大田准备、田间管理、病虫害防治等同春莴笋栽培。6月下旬采收上市，可一直供应到8月中旬。亩产量为1 100 ~ 1 200千克。

5. 伏莴笋栽培

伏莴笋一般选择昆明苦荬叶莴笋、成都特耐热二白皮、夏秋香笋、香格里拉等耐热品种，于7月中旬经浸种和低温催芽后播种，采用遮阳防雨育苗，于8月上旬定植。行株距为20厘米 × 20厘米，采用遮阳网覆盖栽培。大田准备、田间管理同秋莴笋栽培。9月中下旬采收上市，亩产量为1 000千克左右。此时因市场蔬菜紧缺，具有较高的经济效益和社会效益。

6. 冬莴笋栽培

冬莴笋一般选择南京圆叶紫皮香品种或成都耐寒二白皮、挂丝红，上海小圆叶、大圆叶等耐寒性较强的早熟、丰产品种，于8月下旬至9月上旬经浸种催芽后播种，遮阳网或露地育苗，于9月下旬至10月上旬定植。大田准备、田间管理等同秋莴笋栽培。11月上旬覆盖小棚，日揭晚盖，遇严寒天气，小棚上加盖草帘防冻。也可采用大棚栽培，但棚温以不超过18 ℃为宜。11月下旬至翌年1月采收上市，亩产量为1 200 ~ 1 300千克。

八、生菜

生菜，为菊科莴苣属一二年生草本植物，原产欧洲地中海沿岸，在我国栽培历史悠久，主要分布在华南地区，台湾省种植尤为普遍。生菜是以脆嫩的叶片供食用，可凉拌，如制作色拉菜，将叶子洗净后，切成细丝，加色拉油和其他调味品即可，深受健身人士的青睐。亦可炒食，如将叶片用蚝油快炒。还可汤食，作为冬令时节火锅原料，味道清香爽口，风味独特，可与菠菜、芫荽媲美。并且生菜营养丰富，农药污染少，是 20 世纪 90 年代以来，内地城市人们喜食的一种蔬菜。

近年来，随着人民生活水平的提高、改革开放和旅游事业的发展，全国各大、中城市纷纷引种栽培生菜，面积迅速扩大，并且除夏淡季和冬春淡季供应较少外，基本实现了周年供应，对增加蔬菜花色品种，调节市场供应，起到很重要的作用。

（一）类型和品种

生菜依结球与否分为结球和不结球两种。结球生菜又分为脆叶结球类型和绵叶结球类型；不结球生菜又分为直立生菜和皱叶生菜。它们分别属于 3 个变种。

1. 直立生菜

直立生菜（图 8–1）又称立生生菜、直筒生菜、长叶生菜或散叶生菜。北非洲和南欧洲地区普遍栽培。叶全缘或锯齿状，叶匙状直立，中肋大呈白色者居多，叶数多，丛生，一般不结球，或形成松散的笋状圆筒形叶球。叶柔软，宜生食和夏季栽培。其中油麦菜（图 8-2）属于叶用莴苣的一个变种——长叶莴苣，所以又名牛俐生菜。

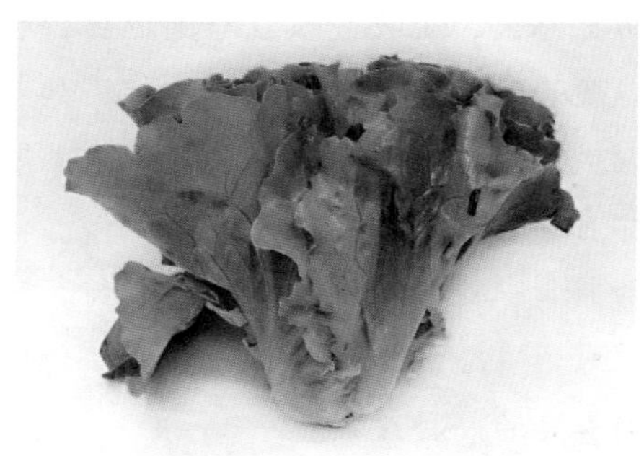

图 8-1　直立生菜

图 8-2　油麦菜

2. 皱叶生菜

皱叶生菜（图 8-3）俗称玻璃生菜，按叶色可分为绿叶品种和紫叶品种。叶片深裂，疏松旋叠，叶色绿、黄绿或紫红，叶面皱缩，叶缘皱褶，不结球或有松散叶球。如意大利生菜，为全年耐热耐抽薹生菜，是皱叶生菜中的一个优良品种，从意大利引进，南京市自20世纪90年代以来大面积推广，群众反映很好。近几年，罗马生菜由于耐寒性好，抽薹较晚，品质好，也备受消费者的青睐，栽培面积越来越大。

图 8-3　皱叶生菜

3. 结球生菜

结球生菜俗称“西生菜”（图 8-4）。叶全缘，有锯齿或深裂，叶面平滑或皱缩，外叶开展，心叶形成叶球，叶球圆、扁圆或圆锥形，主要分为2个类型。

（1）绵叶结球型　即欧洲型品种，俗称奶油生菜。叶球小而松散，叶片宽阔而薄，微皱缩，质地绵软，生长期短，适于保护地周年生产与供应。如白波士顿、夏绿等品种。

（2）脆叶结球型　即美国型品种。叶球大，叶片质地脆嫩，结球坚实，外叶绿色，球叶白或淡黄色。生长期长，适于露地栽培。

图 8-4　结球生菜

（二）特征特性

生菜根系浅，须根发达，主要根群分布在地表 20 厘米土层内。茎短缩。叶片互生，不同的变种，其叶形、叶色、抱合程度有较大差异。花色浅黄，头状花序，自花授粉为主。果实为瘦果，种子银白色或黑褐色，顶端具伞状冠毛，易随风飞散，千粒重 0.7 ~ 1.2 克。

性喜冷凉的气候条件，为半耐寒性蔬菜，忌高温，稍耐霜冻。种子发芽的最低温度为 4 ℃，发芽适温为 15 ~ 20 ℃，30 ℃以上发芽受阻。因此，夏秋季播种时须低温催芽。幼苗生长适温为 16 ~ 20 ℃，在 22 ~ 24 ℃以上易导致先期抽薹。结球生菜的生长适温范围较小，其外叶生长适温为 18 ~ 23 ℃，结球期的适温白天为 20 ~ 22 ℃，夜间为 12 ~ 15 ℃，25 ℃以上叶球生长不良，易引起腐烂，促进先期抽薹的发生。抽薹开花结实的适温为 22 ~ 29 ℃，开花后 15 天左右瘦果成熟。温度为 10 ~ 15 ℃时虽能开花，但不能结实。

生菜属长日照作物，在长日照条件下，随温度的升高发育加快。

生菜根系分布浅，叶面积大，含水量高，生长期短，对肥水要求比较高，整个生长期要求有均匀、充足的水分供应。但中后期如过湿或干后灌大水易引起叶球开裂和腐烂。

生菜对土壤的适应性较广，但以肥沃、排水良好、富含有机质、保水保肥力强的黏质壤土为理想，土壤 pH 值为 6.5 ～ 7.0 的微酸性范围内最适于生菜生长。生菜对养分的要求以氮肥为主，适当配合磷肥、钾肥。苗期缺磷叶变暗，生长衰退；缺钾影响叶球的形成和品质；缺钙易引起“干烧心”，而导致叶球腐烂。要注意各营养元素的配合与平衡。

（三）栽培技术

1. 栽培方式与栽培季节

生菜在长江流域一带虽然栽培历史不长，但经试验研究，已经能够利用不同品种和栽培方式，排开播种，基本实现周年供应。主要栽培方式和栽培季节有以下几种。

（1）秋季露地冬生菜栽培 这是长江中、下游地区最适宜的栽培方式和栽培季节。8 月中旬至 9 月中旬播种，如果气温高于 25 ℃，须进行低温催芽后播种，露地育苗，9—10 月定植，11—12 月采收上市。主要栽培脆叶结球类型品种，如波士顿生菜，以及意大利生菜、罗马生菜等直立、皱叶生菜品种，亩产量约 2 000 千克。

（2）冬季大棚春生菜栽培 通常选用大湖 659 和奶油类型

品种，于 9 月下旬至 11 月播种，露地育苗，11 月播种时也可在大棚内播种育苗。苗龄 30 ~ 40 天，12 月至翌年 1 月定植在露地或大棚内越冬，翌年 1—4 月采收上市，亩产量约 1 500 千克。

（3）春季露地夏生菜栽培 选用耐热品种，如意大利耐热耐抽薹生菜等。于 12 月至翌年 2 月在大棚或小棚内播种育苗，采用穴盘育苗（最好为 128 穴 / 盘），2 月中旬至 3 月定植于露地，也可用地膜覆盖后定植，5—6 月采收上市，亩产量 1 500 ~ 2 000 千克。

（4）夏季遮阳防雨棚伏生菜栽培 夏季，在长江中、下游地区是生菜最难生产的季节。这一茬栽培技术难度最大，要选择耐热和不易抽薹的夏绿、绿湖等结球生菜和意大利耐热耐抽薹生菜。于 5—7 月播种，因气温高，播种前必须进行低温催芽，遮阳防雨棚下降温育苗，6—8 月定植，采用遮阳防雨棚栽培，定植后 30 ~ 40 天，即 7—9 月采收上市，一般采收小株上市，也可直接播种后间苗分批上市，亩产量为 1 000 千克左右。此时正值市场生菜紧缺季节，经济效益很高。

（5）伏生菜高山冷凉栽培 利用海拔 800 米以上高山夏季清凉的气候条件栽培生菜，选用绿湖、意大利耐热耐抽薹生菜。于 4 月下旬至 5 月播种育苗，6—7 月定植，8—9 月（伏缺期间）采收供应平原地区，亩产量 1 000 ~ 1 500 千克。此时因平原地区正值伏天缺菜季节，所以生菜供应具有很高的经济效益和社会效益。

（6）无土营养液膜栽培 由于生菜是生食蔬菜，要求最终产品优质、洁净、卫生，且市场需求较大，尤其涉外宾馆饭店需要量较大，所以上海、杭州、南京等大、中城市引进营养液膜栽培技术（NFT）或浮板毛管水培技术进行水培生产，已实现了周年生产与供应，满足了市场对生菜数量和质量的要求。采用无土栽培，一年可生产 8 ～ 10 茬，亩年产量在 10 000 千克以上。除高温季节需用耐热的夏绿、意大利耐热耐抽薹生菜等品种，实行遮阳网覆盖、顶幕喷水降温或再生苗法等抗高温措施，冬季营养液槽用加热器将水温保持在 15 ℃以上外，春、秋两季多用玻璃生菜品种或奶油生菜等速生品种栽培。栽培时做到分期分批，选用相应品种，实行抗高温、抗低温栽培措施，实现周年供应。

2. 栽培技术要点

（1）培育壮苗　苗床宜选择保水保肥力强、有机质含量高的壤土，整平耙细，选饱满的新种子播种，每亩大田需种量为 20 ～ 25 克，约需苗床面积 10 平方米。播种镇压，使种子与土壤密接，不必再覆土，盖一层薄的稻草或遮阳网，再浇水。高温季节（6—8 月）播种时，一定要催芽处理，具体做法同秋莴笋。出苗后及时揭去地面覆盖物，及时间苗防徒长。高温期间育苗宜利用大棚或小棚，做成防雨棚，上覆遮阳网，进行防雨降温育苗，并以 128 孔穴盘育苗最为理想。

（2）整地定植　栽培生菜的大田，要选择保水保肥力强、土壤肥沃、灌排方便的田块，亩施腐熟有机肥 1 000 千克左右，过磷酸钙 20 千克左右，草木灰 40 ～ 50 千克，精细整地做畦。结球生菜按行株距 25 ～ 30 厘米、不结球生菜按行株距 20 ～ 25 厘米定植，高温期间采收幼苗者按 10 厘米行株距定苗即可。

（3）肥水管理　由于生菜系生食蔬菜，追肥一般以尿素液为主，追肥 3 ~ 4 次，在定植缓苗后浇 0.3% 尿素液，亩用尿素 5 千克左右。以后每隔 10 天施 1 次，遇干旱要多浇水。封行后一般不再追肥浇水，保持畦面稍干，以防霜霉病、菌核病的发生。

（4）病虫害防治 同莴笋。

（5）水培生菜管理 营养液均用日本山崎配方（1 000 千克水中含四水硝酸钙 236 克，硝酸钾 404 克，磷酸二氢铵 57 克，硫酸镁 123 克，螯合铁 16 克，硼酸 1.2 克，氯化锰 0.72 克，硫酸锌 0.09 克，硫酸铜 0.04 克，钼酸钠 0.013 克）。pH 值调节为 6.0 左右，生长盛期可酌加 0.005% 的硝酸铵，补充氮肥。

水培的生菜品种，多用奶油生菜或皱叶生菜，行株距为（15 ~ 20）厘米 ×20 厘米。

营养液每 15 分钟供液 5 分钟，每槽供液量为 2.5 升 / 分钟，深水培每 30 分钟供液 5 ~ 10 分钟，但因炎夏蒸发量较大，昼间最好连续供液。

（6）采收 生菜生长期短，若高温季节采收不及时，会产生抽薹现象，低温季节迟收会裂球。通常不结球生菜单株重 200 克左右，结球生菜单球重 400 ~ 500 克。夏季苗期采收的，具 7 ~ 8 片真叶时幼株就可上市。

九、苦苣

苦苣（图 9–1），又名花苣、天精菜、菊苣等。为菊科菊苣属中以嫩叶为食的栽培种，一二年生草本植物。原产东印度和欧洲南部，是重要的生食蔬菜之一。我国栽培历史不长，仅 40 余年，但全国各大中城市近郊有大量栽培。

图 9–1　苦苣

苦苣叶不结球，繁茂而大，苦味浓，叶缘有齿状裂刻，叶面皱缩，叶片抱合如重瓣菊花，极美观，故又称花苣或菊苣，也有“花叶生菜”之称。苦苣以嫩叶供食用，营养丰富，每 100 克食用部分含蛋白质 1.2 克，脂肪 0.3 克，碳水化合物 1.8 克，粗纤维 0.7 克，钙 77 毫克，磷 30 毫克，铁 2.3 毫克等。适合生食、煮食或汤食。

（一）类型和品种

苦苣有皱叶种和阔叶种两个类型。

1. 皱叶种

叶片长倒卵形或长椭圆形，深裂，叶缘锯齿状，叶面多皱褶，呈鸡冠状。株高约 35 厘米，开展度 43 厘米，叶片长 50 厘米，叶宽 10 厘米左右，叶数多。单株重 0.5 ~ 1.0 千克。微苦，品质较好，目前国内栽培者多属此种。这一类型又可分为大皱叶、细皱叶两个品种。

2. 阔叶种

叶片长卵圆形，羽状深裂，叶缘细锯齿，叶面平。外叶绿色，心叶黄绿色，叶柄淡绿色，有的品种叶柄基部内侧为淡紫红色。株高约 20 厘米，开展度 35 厘米。叶片长 30 厘米，宽 9 厘米左右。单株重 0.5 千克左右。如巴达维亚、白巴达维亚和冬苦苣等品种。

（二）特征特性

苦苣叶为根出叶，互生于短缩茎上。茎随植株生长而逐渐伸长。叶有皱叶和阔叶两个类型，叶形均狭长。株高和开展度依品种而定。一个头状花序中有 16 ~ 22 朵花，花冠淡紫色，雌蕊柱头双叉状，淡蓝色。雄蕊 5 枚连接成筒状，花药淡蓝色。种子短柱形，灰白色，千粒重 1.6 ~ 1.7 克，发芽年限 10 年，生产上都使用保存 2 ~ 3 年的种子。

苦苣的生长特性与莴苣类似，性喜冷凉气候，但耐热和耐寒性都比莴苣强。种子发芽最低温度为 4 ℃，但需要时间长。发芽适温为 15 ～ 20 ℃，3 ～ 4 天发芽，30 ℃以上高温则抑制发芽。幼苗生长适温为 12 ～ 20 ℃，叶部旺盛生长适温为 15 ～ 18 ℃。

属长日照作物，在长日照条件下随温度的升高发育加快。

对水分的要求，随植株不同生育阶段而异。幼苗期要求不干不湿，以免秧苗老化和徒长；发棵期要适当控制水分；叶部生长盛期水分要充足，如果缺水，叶小而味苦；生长后期与采收前水分不能过多，以免导致软腐病和菌核病的发生。

对土壤要求不严格，但以有机质丰富、土层透气、保水保肥能力强的黏壤土和壤土栽培为宜，此土壤条件下根系发育快，有利于水肥的吸收。

（三）栽培技术

1. 栽培方式与栽培季节

苦苣耐寒、耐热性均较强，生育期较短，所以 3—10 月都可露地播种，但主要播期为春、秋两季，直播为主。在设施条件下，可提早育苗，晚霜过后定植露地，将来提早上市。采用设施栽培，可进行夏季堵“伏缺”栽培和秋延冬栽培，实现周年生产与供应。

2. 栽培技术要点

春播应尽量提早播种，利用冷床、小棚、大棚、温室等设施育苗。每亩大田需种 0.15 千克。苗高 10 厘米左右，最早的具 3 ～ 4 片真叶时就可定植，最适的 7 ～ 8 片真叶时定植。行株距为 30 厘米 ×20 厘米。亦可在风障前栽培，提早上市，延长营养生长期，增加产量。早秋播种的，当年冬季采收；晚秋播种的，翌年 3—4 月采收。冬季严寒地区越冬栽培的，需用小棚加无纺布覆盖，或直接定植在大棚、日光温室中；高温季节，利用防雨棚遮阳网覆盖栽培，防雨降温。生产堵 8—9 月“伏缺”的苦苣，丰富蔬菜品种，供应市场，具有较高的经济效益。

为使苦苣品质柔嫩，减少苦味，可进行软化栽培，凡能使叶片不见光线，并保持适度干燥的措施，均可达到软化的目的，例如覆盖草帘、黑色无纺布，或将植株移植到地窖等。常用的软化方法是：将外叶扶起，再将顶部扎住，经 2 ~ 3 周即成。或者扎顶后再从两侧培土软化，还可以将植株移栽到地窖中软化。前者适于夏季，后者适于春季。软化的植株须及时采收。

苦苣播种后 90 ~ 100 天，叶片长到 30 ~ 50 厘米、宽达 8 ~ 10 厘米时即可采收。亩产量为 1 500 ~ 2 000 千克。采后产品极易失水萎蔫，若不能及时出售，宜置于阴凉处，并经常洒水，保持其鲜嫩状态。最好放入冷藏库内保鲜。

十、菊苣

菊苣（图 10-1），又名欧洲菊苣、苞菜、野生苦苣、吉康菜、法国苦苣等。为菊科菊苣属二年生至多年生草本植物，是野生菊苣的一个变种。原产欧洲地中海、亚洲中部和北非洲。4 000 年前，古埃及就利用其根制作咖啡代用品饮用。目前世界各国都有栽培，尤以法国、意大利栽培甚广。

图 10-1　菊苣

菊苣的嫩叶、叶球和根均可供食用。唯植株体内含有苦味物质，有清肝利胆的功效，而许多东方人士不大习惯食用，实际上其营养价值较高。据测定，每 100 克食用部分含蛋白质 1.7 克，脂肪 0.3 克，糖类 1.1 克，维生素 A 1.2 毫克，维生素 B1 0.06 毫克，维生素 B2 0.1 毫克，维生素 C 24 毫克，钙 100 毫克，磷 47 毫克，铁 0.9 毫克。

菊苣为欧洲重要的色拉用蔬菜。菊苣可分为专供软化用的散叶类型和不需软化而供食的红色结球类型、钟形结球类型，其中，软化栽培面积占总面积的50%以上，软化成的奶油色嫩白芽球，称法兰西苦苣，具有独特的风味。而结球的红色菊苣同紫甘蓝一样作为色拉菜配色，其叶片的叶肉、叶脉红白相嵌，别具一格，非常美观，所以近年来对红色结球菊苣的需要量激增。还有一类结球菊苣，球如大白菜，呈炮弹形，故称“苞菜”，栽培容易，品质亦佳。随着我国西餐业的发展及法国和意大利菜肴的兴起，菊苣在我国的栽培将日益受到重视。

（一）类型和品种

菊苣可分为软化型和非软化型两大类。而软化型品种又可分为大根和小根两种。

1. 大根种

根形肥大，长约40厘米，直径6 ~ 7厘米，根晒干加工后可代咖啡用。德国、法国、意大利等国栽培较多，其中又分为叶缘无缺刻和叶缘缺刻极深两种，前者直生，根大，多肉，叶形似蒲公英，扁平而宽。

2. 小根种

根形不大，叶色浓绿，带有褐色斑点，软化时，斑点变为红色，宜于生食。非软化型品种，根较小，丛生叶圆而宽，心叶抱合形成叶球，形如大白菜叶球。

按照叶色，还可分为红色和奶油色两大类。

（二）特征特性

菊苣根肉质，粗而短，分布在土壤的表土层内。叶长椭圆形、倒披针形或披针形，叶色浓绿，叶缘有小锯齿，味甚苦。性状和蒲公英很相似，株高 1.5 米左右，但花形差别很大。7—8 月抽生花梗，长约 1 米，梗梢分枝，上生青蓝色花，大而艳丽。种子很小，褐色，有光泽，千粒重 1.2 克。

菊苣性喜冷凉，不耐高温，稍耐寒。发芽温度 15 ℃左右，5 天发芽，高温下不易发芽，需进行低温催芽（方法同秋莴笋）。叶生长适温为 11 ～ 18 ℃，叶片大而肥嫩。

菊苣为低温短日照作物，早春播种过早，有发生早期抽薹的危险，因此要行夏秋播种。对水分的需求情况，同苦苣。土壤以土层深厚、排水良好、富含有机质的沙壤土和壤土为宜。

（三）栽培技术

1. 栽培方式与栽培季节

软化栽培品种于 7 月播种，12 月至翌年 1 月将培育成的根株掘起，在黑暗条件下软化约 20 天，即可获得洁白的芽球。非软化品种，如红色结球菊苣，可周年生产与供应。主要栽培方式及栽培季节如下：

7 月下旬至 8 月上旬，在防雨遮阳棚下育苗，8 月下旬至 9 月上旬定植于大田，10 月中旬开始采收上市，一直供应到 11 月下旬。

8 月下旬露地育苗，9 月中旬定植，地膜覆盖栽培，12 月至翌年 1 月采收上市。

9月露地育苗，10月定植于大棚或小棚，可延后采收至翌年3—4月。

12月下旬至翌年1月中旬，在大棚或温室中播种育苗，3月定植，采用小棚或地膜覆盖栽培，5—6月采收上市。

高山冷凉栽培，2—3月大棚育苗，4月下旬定植，地膜覆盖栽培，6—8月采收上市；亦可6—7月在防雨遮阳棚下育苗，8月上旬定植，地膜覆盖栽培，9—10月采收上市。

2. 栽培技术要点

（1）软化品种的栽培 一般于初夏直播，约经5个月，即可育成肥大、健壮的根株。将根株掘起，置于黑暗条件下软化20天即成。

软化栽培的关键是培育高质量的根株。首先要选好地，宜选择排水良好的土地，进行深耕，每亩施入复合肥40 ~ 50千克，精耕细作，做成深沟高畦，畦连沟1米宽，每畦种3行，株距为25 ~ 30厘米，以利育成粗壮的根株。至降霜落叶时，掘起根株，根头部直径可达3 ~ 5厘米。再于根株上部3 ~ 4厘米处，刈除叶部，并除去所有分蘖芽。最后于根长30 ~ 35厘米处切断（细小尖端应剪除），置于冷凉黑暗处软化。一般保持10 ~ 15 ℃的温度，温度过高，易抽薹开花；温度过低，软化时间长。具体方法：可在大棚内挖深30 ~ 40厘米、宽70厘米的沟，将上述切成30 ~ 35厘米长的根株，按4厘米株距栽植于沟中，沟两侧设木板框，根株上覆锯木屑、泥炭或沙，厚度20厘米，上面盖稻草，再盖上遮光板，防止露光。沟底如配电热线，效果则更好，温度控制在20 ℃以下，约20天就软化成功。

（2）结球菊苣栽培　栽植密度、栽植方法及其管理与结球莴苣相似。行距 45 厘米，株距 25 ~ 27 厘米，以地膜覆盖栽培为宜。施肥同上。天旱时要浇水，保持土壤湿润。生长期间追肥 1 ~ 2 次。结球后，取其叶球，去掉外叶，将叶球包装于箱中，每箱重 10 千克，亦可采用 1.5 千克小包装出售。

十一、芦蒿

芦蒿为菊科蒿属植物，具嫩茎叶、根状茎，又名蒌蒿、水艾、水蒿等，属多年生草本，植株具清香气味。芦蒿的适口性中等。据分析，芦蒿的粗蛋白质和粗脂肪含量均较高。该种在古本草书中已有记载。《尔雅》称芦蒿为“由胡”“蘩”，在《神农本草经》及《本草纲目》中称“白蒿”，其中水生者可能就是本种。芦蒿可全草入药，有止血、消炎、镇咳、化痰之效。还有研究发现，将其用于治疗黄疸型或无黄疸型肝炎效果良好。民间还把它作“艾”（家艾）的代用品。

图 11-1　芦蒿

芦蒿根性凉，味甘，叶性平，能平抑肝火，可治胃气虚弱、浮肿及河豚中毒等，并具有预防牙病、喉病和便秘等功效。根茎含淀粉量高，可为肌体提供热量能源。同时具有保护头脑的作用和充当肝脏贮备肝糖而起解毒的作用。

芦蒿以鲜嫩茎秆供食用，清香、鲜美，脆嫩爽口，营养丰富。每百克嫩茎含有蛋白质 3.6 克、钙 730 毫克、铁 2.9 毫克、胡萝卜素 1.4 毫克、维生素 C 49 毫克、天门冬氨酸 20.4 毫克、谷氨酸 34.3 毫克、赖氨酸 0.97 毫克，并含有丰富的微量元素和酸性洗涤纤维等。

（一）类型和品种

1. 按叶型分为大叶蒿和碎叶蒿

大叶蒿又名柳叶蒿，叶羽状三裂，嫩茎青绿色，清香味浓，粗而柔嫩，较耐寒，抗病，萌发早，产量高。

碎叶蒿又名鸡爪蒿，叶羽状五裂，嫩茎淡绿色，香味浓，耐寒性略差，品质好，产量一般。

2. 按嫩茎颜色分为青芦蒿和白芦蒿

青芦蒿，嫩茎青绿色；白芦蒿，嫩茎浅绿色。

（二）特征特性

芦蒿是在湿润环境中生长且耐阴性的多年生草本植物。主根不明显或稍明显，具多数侧根与纤维状须根；根状茎稍粗，直立或斜向上，直径为 4 ~ 10 毫米，有匍匐地下茎。叶纸质或薄纸质，正面绿色，无毛或近无毛，背面密被平贴的灰白色蛛丝状绵毛；茎下部叶宽卵形或卵形，近成掌状或指状，5 或 3 全裂或深裂，分裂叶的裂片线形或线状披针形。头状花序多数，长圆形或宽卵形，并在茎上组成狭而伸长的圆锥花序。瘦果卵形，略扁，上端偶有不对称的花冠着生面。花果期在 7—10 月。

芦蒿多生于低海拔地区的河湖岸边与沼泽地带，在沼泽化草甸地区常为小区域植物群落的优势种与主要伴生种；亦可葶立水中生长，也见于湿润的疏林、山坡、路旁、荒地等。芦蒿在中国黑龙江、吉林、辽宁、内蒙古（南部）、河北、山西、陕西（南部）、甘肃（南部）、山东、江苏、安徽、江西、河南、湖北、湖南、广东（北部）、四川、云南及贵州等省区常见；蒙古、朝鲜及俄罗斯（西伯利亚及远东地区）也有。

芦蒿可凉拌或炒食，其嫩茎及叶可作菜蔬或腌制酱菜。芦蒿抗逆性强，很少发生病虫害，是一种无污染的绿色食品，也是冬春季节中国江南一些市场供应的主要野菜品种之一。

（三）栽培技术

1. 栽培方式与栽培季节

芦蒿多以露地栽培，亦可采用设施栽培。可冬春大棚栽培也可伏秋栽培。

（1）冬春大棚栽培　冬春季节通过覆盖塑料大棚，创造适宜芦蒿生长的环境条件，促进地下根状茎萌发，采摘嫩茎上市。长江流域地区，一般于 6 月底至 8 月初扦插育苗，7—8 月定植，元旦、春节期间均衡上市，每亩产量为 1 000 ~ 1 500 千克。

（2）伏秋栽培　利用大棚遮阴设施于 5 月下旬至 6 月中下旬定植，8 月上旬至 10 月中旬上市，通过适当密植、高肥水栽培管理，促进地上部分叶腋萌发侧枝，采摘侧枝嫩头上市。每亩产量为 1 000 ~ 1 500 千克。

2. 栽培技术要点

（1）条播栽种　3月上、中旬将芦蒿种子与3 ~ 4倍干细土拌匀后直接播种，采用撒播、条播均可。条播行距在30厘米左右，播后覆土并浇水，一般3月下旬即可出苗，出苗后及时间苗、匀苗，缺苗的地方要移苗补栽。

（2）整地施肥　以前茬为非菊科作物、灌溉条件好、土壤肥沃的沙壤土栽培为宜。栽种前进行耕翻晒（冻）垡，并施足底肥，每亩施腐熟猪、牛粪3 000 ~ 4 000千克或腐熟饼肥150千克左右，整地做深沟高畦，畦宽1.5 ~ 2米。生长期间，于9—10月进行一次追肥，每亩用尿素10千克，结合浇水撒施，以促进芦蒿的营养生长，防止后期早衰。

（3）田间管理及采收　芦蒿地下茎主要分布在5 ~ 10厘米土层内，栽种活棵后，要及时拔除田间杂草，促使根系发育良好，累积更多养分。芦蒿耐湿性很强，不耐干旱，高温干旱季节要经常浇水，保持田间湿润，促进生长。

芦蒿可露地或设施栽培，设施栽培芦蒿可采用多种不同的覆盖方式，分期分批覆盖，可提早、排开上市，均衡供应。大棚覆盖栽培芦蒿，一般覆盖后40 ~ 45天，株高20 ~ 25厘米时即可采收。露地栽培芦蒿，当外界温度适宜时可自行萌发，当日平均气温12 ~ 18 ℃时，嫩茎迅速生长，4月上中旬是露地芦蒿上市高峰。

采收时，用利刀平地面在芦蒿基部割下，嫩茎上除保留极少数心叶外，其余叶片全部抹除，扎捆码放在阴凉处，用湿布盖好，经8 ~ 10小时的简易软化，即可上市。大棚覆盖芦蒿，第一茬采收后，应立即清除杂草、残枝落叶，并追施肥水，每亩追施5～10千克尿素，覆盖后管理同上。这样再经45～50天，即收获第二茬。一般大棚芦蒿冬春季可收获2、3茬，亩产量达800～1 000千克。

（4）病虫害防治 芦蒿生长期间病虫害时有发生，主要有蚜虫、虫瘿、玉米螟、棉铃虫、刺蛾及芦蒿大肚象等害虫，可用苯甲酰基脲类杀虫剂、氟虫脲、菊酯类等高效低残留农药进行防治。

十二、实心芹

实心芹（图 12-1），又名铁杆芹，中国芹菜中的 1 种。为伞形科芹属二年生草本植物。原产地为地中海沿岸及瑞典、埃及等沼泽地区。2 000 年前古希腊人最早栽培，最开始作药用，后作辛香蔬菜。之后由高加索传入中国，经过长期栽培，逐渐培育成现在叶柄细长的中国本芹。实心芹在我国的栽培历史悠久，分布极广。

图 12-1　实心芹

实心芹主要以叶柄供食，除含有丰富的维生素及矿物盐外，还含有挥发性的芹菜油，具香味，能增进食欲。此外，其还有降血压、健脑和清肠利便之功效，深受人们喜爱。实心芹可炒食、馅食、凉拌或腌渍等，清香、脆嫩、可口，别具风味。

实心芹在南京地区经过引种后的多年生产实践，可实现四季栽培，周年供应。铁杆芹比南京蒲芹晚抽薹 20 天左右，并且为实心，炒食纤维少，品质好，产量高，为南京市民所喜食。对增加蔬菜品种，缓解市场淡缺，丰富市民菜篮子，提高菜农收入都起到了积极作用。

（一）类型和品种

中国芹菜依叶柄颜色可分为青芹和白芹两大类。实心芹为青芹中的一种。青芹植株高大，叶片较大，绿色，叶柄较粗，横径为 1.5 厘米左右，香气浓，产量高，经软化后品质更好。叶柄有实心和空心 2 种，实心芹叶柄宽厚，髓腔很小，腹沟窄而深，叶浅绿色，纤维少，质细脆嫩，品质好，耐寒性较强，春季不易抽薹，四季均可栽培，产量高，耐贮藏。代表品种有北京实心芹菜、天津白庙芹菜、开封玻璃脆等。

（二）特征特性

芹菜根系浅，主要分布在 10 ~ 20 厘米土层，横向分布 30 厘米左右，吸收能力弱，不耐旱。茎短缩，茎端抽生花薹后发生多数分枝。叶着生于短缩茎上，2 回羽状复叶，小复叶 2 ~ 3 对，小叶卵形 3 裂。具叶柄的复叶柄长而肥大，为主要食用部分，长 30 ~ 100 厘米。叶柄有空心和实心之分。叶柄颜色有绿色、黄色、白色等。中国本芹叶柄横切面直径为 1 ~ 2 厘米。芹菜为复伞形花序，花小，黄白色，虫媒花，异花授粉，也可自花授粉。果实为双悬果，圆球形，结种子 1 ~ 2 粒，成熟时沿中缝开裂为二。种子褐色，极小，有香味，千粒重 0.4 克左右。种子使用寿命 2 ～ 3 年。

芹菜属耐寒性蔬菜，要求较冷凉、湿润的环境条件，其耐寒性与莴苣相似，仅次于菠菜。种子发芽时需 15 ～ 20 ℃温度，幼苗期（即子叶展开至有 4 ～ 5 片真叶）适宜温度为 20 ℃左右，能耐 –5 ～ –4 ℃低温和 30 ℃高温。叶丛生长初期（即从 4 ～ 5 片真叶到 8 ～ 9 片真叶）适温为 18 ～ 24 ℃。叶丛生长盛期需 12 ～ 22 ℃。受低温影响，在 2 ～ 5 ℃低温下开始由营养生长转化为生殖生长。

芹菜属低温、长日照作物。幼苗在 2 ～ 5 ℃低温条件下，经 10 ～ 20 天通过春化阶段，在长日照和 15 ～ 20 ℃温度下抽薹、形成花蕾、开花结籽。光照较强时促进其横向生长，光弱时表现为直立向上生长。

芹菜在发芽期要求较多的水分。芹菜根系浅，吸收力弱，且植株密度大，组织柔嫩，耗水很大，特别是在营养生长旺盛期，缺水缺肥易造成生长停滞，叶柄厚，角组织加厚，薄壁组织破裂，造成空心，品质下降。

芹菜栽培要求保水保肥力强、有机质丰富的壤土或黏壤土，土壤 pH 值为 6.0 ～ 7.6。在整个生长期中，氮肥的作用占主要地位，是保证叶丛生长良好的最基本的营养条件，缺氮则叶柄空心老化。缺磷会抑制叶柄第一节伸长；磷过多，叶片易细长，纤维增多，反而降低产品质量。钾对芹菜后期生长影响较大，主要影响养分运输。缺硼叶柄易开裂。缺钙易造成心叶腐烂。

（三）栽培技术

1. 栽培方式与栽培季节

实心芹在南京地区经过多年生产实践证明，采用露地栽培与设施栽培相结合的方式，可实现周年供应。实心芹菜生长速度较快，利用苗期对高、低温的适应性，可多茬栽培。长江流域地区，芹菜的主要栽培季节是从 6 月中下旬开始播种，直到 10 月上旬。6—8 月播种的，在 9 月中下旬到 12 月下旬采收；播种稍迟的除当年采收上市外，也可延长到来年早春。用抽薹晚的品种，在 1 月至 3 月上旬春播，早春育苗用小棚或大棚进行短期覆盖，减少低温影响，避免先期抽薹。春播不宜迟，以免生长盛期逢高温，5—7 月采收。广州地区冬季温暖，由 7 月开始播种，可延至 10—11 月。早播种的于当年采收，晚播的于次年 1—4 月采收，可露地越冬，不需加任何覆盖物。

图 12-2　实心芹田间生长状

2. 秋播冬春芹菜栽培

本茬芹菜为 8—9 月播种，10—11 月定植，11 月中旬至翌年

3月采收上市的冬春茬芹菜。

（1）播种和育苗 因各地的自然条件及生产习惯不同，芹菜可直播，也可育苗移栽。本茬芹菜播种育苗期常遇高温和暴雨袭击，所以要注意遮阳降温和防止暴雨冲刷。苗床地应选择地势较高的地块或采用高畦育苗，做到能灌能排。苗床基肥以腐熟的农家肥为主，并混施磷、钾肥，与土混合。

芹菜播种材料为果实，因皮厚而坚，并有油腺，难透水，发芽慢而不整齐，夏秋季育苗因气温高，发芽更为困难，所以必须进行浸种催芽。浸种约12小时后用清水冲洗，边洗边用手轻轻揉搓，搓开表皮，摊开晾种，待种子表面水分干湿适度时，用湿纱布包裹，置于冷凉处催芽。催芽适温为20～22℃，可悬吊在井中距水面40厘米高处，也可放入冰箱内，每天用冷凉清水冲洗1次。待约有50%种子萌发时（露白）即可混干细土撒播于潮湿的苗床上，11平方米苗床播种子30克，66平方米苗床可栽1亩大田（约180克/亩）。播后撒少许干细土盖籽，覆遮阳网，浇水时直接浇在遮阳网上，防止冲刷种子（出苗后揭除）。架1.5米高小棚，两侧离地50厘米，可掀起通风降温和防暴雨。白天小棚上再盖一层黑色遮阳网，遮阳降温，即“一膜一网”育苗。出苗后遮阳网需日盖晚揭，以培育壮苗。在育苗期要特别注意水分的管理，因气温高，浇水时间宜在早晚天凉、地凉、水凉时进行，小水勤浇，保持土壤湿润。当幼苗具1～2片真叶时，结合间苗拔除杂草。以后视生长情况追施速效性氮肥1～2次，促进幼苗生长。待苗有3～4片真叶时移苗（假植）1次，苗距为10厘米×8厘米（采用划沟移苗），由于芹菜种子出苗不整齐，移苗时应先移大苗，后移小苗。定植前 7 天左右，白天逐步缩短遮阳时间，直到全部撤除遮阳设备，使幼苗得到锻炼，增强对高温的适应性。并控制浇水，炼苗壮根，有利于活棵。

（2）施基肥、整地　冬春芹菜生长期较长，应施足基肥，亩施腐熟有机肥 3 000 ~ 4 000 千克或商品有机肥 800 ~ 1 500 千克，兼施 50 千克含磷、钾和硼、钙等微量元素的叶菜专用复合肥，防止叶柄劈裂和烂心，并耕翻入土。然后精细整地，做畦。北方多用平畦，南方做高畦，要灌排两利。若准备进行培土软化栽培，可在 2 个宽约 1.7 米的芹菜畦间留 1 个宽约 1 米的小畦，备取土之用。在未培土前，为了经济有效地利用土地，可增播 1 茬速生蔬菜。芹菜培土宜用净土或生土，避免培土后发生腐烂。

（3）定植　本茬芹菜自播种到定植需要 45 ~ 60 天，也就是在苗高 10 厘米左右、具 7 ~ 8 片真叶时定植。芹菜的合理栽培密度因品种和栽培季节不同而异，本茬芹菜比西芹要密些，晚秋定植的比早秋定植的要稀些，以行株距 20 厘米 ×12 厘米、每穴 2 ~ 3 株为宜。直播秋芹，苗高约 4 厘米时进行间苗，苗高 14 厘米时按要求的苗距定苗。若进行培土软化栽培，行距应加大，留有培土余地。

（4）田间管理　芹菜性喜湿润，而秋芹苗期多处于高温季节，定植后应浇透、浇匀定根水。以后掌握小水勤浇的原则，活棵缓苗后应适当短期控水，进行蹲苗锻炼，以促进根系生长。地面见干时应及时浇水，随着气温下降，浇水次数减少。芹菜为浅根性植物，栽植密度大，生长期又长，除应施足基肥外，在生长期适当追肥是使芹菜高产优质的保证。追肥种类以速效氮肥为主，适当配合磷、钾肥。10月下旬覆盖大棚，23 ℃为大棚通风口启闭标准。

（5）病虫害防治 芹菜虫害主要有蚜虫，病害主要有斑点病、斑枯病和软腐病。

① 蚜虫：采用黄板诱杀有翅成蚜。化学药剂防治可用吡虫啉或蚜虱净喷施防治，交替使用。

② 斑点病：为真菌病。叶片上病斑呈圆形或不规则形，灰褐色或暗褐色，边缘稍隆起，病斑周围黄绿色。叶柄及茎上病斑条状，暗褐色，稍凹陷。在高湿环境，病斑部可长出白色霉状物。高温高湿条件下植株生长弱，易发病。防治方法一是选用抗病品种，培育壮苗；二是加强田间管理；三是收获后清除残株病叶，做好田园清洁工作；四是采用50 ~ 55 ℃温水浸种30分钟，进行种子消毒，浸种时不断搅拌，浸后立即投入冷水中降温；五是发病初期可喷洒波尔多液、代森锰锌或百菌清等药剂防治。

③ 斑枯病：为真菌病。危害叶片及叶柄。叶片上病斑呈圆形或不规则形，边缘明显，黄褐色，中央部位灰白色，其上散生黑色小斑点，病斑周围常有一圈黄晕。叶柄和茎上病斑长圆形，稍凹陷，其上散生黑色小粒点。冷凉高湿或多雨时发病严重。防治方法一是宜选用无病种子，或播种前进行种子消毒，方法同斑点病；二是实行轮作；三是加强栽培管理；四是发病初期喷洒波尔多液、代森锰锌、百菌清或多菌灵等药剂进行防治（方法同上）。

④ 软腐病：防治方法一是应做好雨后排水工作，发病后暂时控水，降低土壤湿度；二是培土宜用生土或净土，同时选晴天无露水时培土；三是避免造成伤口；四是发病前喷施代森锰锌或多

量式波尔多液进行保护。

（6）采收 芹菜因栽培季节和品种不同，生长期亦不同。冬春芹菜8—9月播种，10月下旬采用大棚覆盖栽培的，播种后100 ~ 120天采收，露地栽培的120 ~ 140天采收。应及时采收，以免品质下降。冬春芹菜亩产量为3 000 ~ 4 000千克。

3. 春播春夏芹菜栽培

本茬芹菜为1—3月播种，小棚或大棚育苗，4—5月定植，4月下旬（在1月下旬播种的苗床内采收大苗上市）至7月下旬采收上市的春夏茬芹菜。

（1）播种和育苗 选用抽薹晚的实心芹品种。春夏芹大棚栽培的，12月上旬至翌年1月上旬播种育苗，如果用电热线育苗，播种期可推迟15 ~ 20天。小棚播种育苗的，1月下旬至3月上旬播种；露地直播的夏芹菜，2月中旬至4月上旬直接播种。播种过早，容易引起先期抽薹现象；但过晚播种（4月中旬以后），虽不会有抽薹的危险，但生长后期遇高温生长不良，品质粗劣。春播时因气温低，播种量应增加，采用设施育苗的，定植1亩大田需种量为0.5千克左右，露地直播的，亩需种量为0.8 ~ 1.5千克。苗期管理要注意做好保温、供水、间苗、除草、追肥等。当幼苗具3 ~ 4片真叶时移苗1次，大、小苗分开移，苗距为5厘米 ×5厘米。

（2）施基肥、整地 春夏芹菜生长期较短，基肥用量可适当减少，一般亩施腐熟有机肥1 500 ~ 3 000千克或商品有机肥600 ~ 800千克，配合施用30千克磷、钾和硼、钙等微量元素叶菜专用复合肥。于冬季耕翻入土，精细整地、做畦。北方做平畦，南方做高畦，做到能灌能排，旱涝保收。

（3）定植　待芹菜苗具有 7 ~ 8 片真叶时定植，行株距为 15 厘米 ×10 厘米，双株定植行株距为 20 厘米，保证每亩株数在 3 万株左右。

（4）田间管理　定植活棵后，应加强肥水管理，促使春夏芹菜在夏季高温来临时已充分长成。

（5）病虫害防治　防治同秋播冬春芹菜栽培。

（6）采收　播种后 100 ~ 120 天采收上市。整株铲起，洗去根部泥土，扎捆上市。亩产量为 1 500 ~ 2 000 千克。

4. 夏播伏芹菜栽培

本茬芹菜为 5—7 月播种，7—8 月定植，8 月下旬至 10 月采收上市的伏天淡季茬芹菜。本茬芹菜在调节蔬菜淡季市场供应、增加花色品种方面具有重要作用，经济效益亦较高。

（1）播种和育苗　本茬芹菜的播种期正值梅雨和夏季高温季节，播种前必须对种子进行浸种催芽处理，并且需采用防雨遮阳（一膜一网）育苗。具体做法同秋播冬春芹菜栽培。也可经催芽后直播，做到旱涝保收。

（2）施基肥、整地　因生长期较短，基肥用量为亩施腐熟有机肥 2 000 千克，配合磷、钾和硼、钙等微量元素叶菜专用复合肥 50 千克，1 次翻入土中。精细整地、做畦。北方做平畦，南方做高畦，做到灌排两利、旱涝保收。

（3）定植　7 月上旬至 8 月上旬待苗具 5 ~ 6 片真叶时定植，可分期分批定植。合理密植，行株距为 8 ~ 12 厘米，亩栽 5 万 ~ 6 万株。密植栽培，可降低土温，减少杂草。选择傍晚或阴天定植，宜浅不宜深，以促进发根和生长。并随即架小拱棚，覆盖遮阳网。

（4）田间管理　围绕抗热栽培和加强肥水管理。定植结束后，随即浇透、浇匀定根水。浇水宜在早晚天凉、地凉、水凉时进行，小水勤浇，保持土壤湿润，降低土温，以利伏芹菜生长。遮阳网做到日盖晚揭，使伏芹菜植株生长健壮。生长期结合浇水进行追肥 2 ~ 3 次。

（5）病虫害防治　同秋播冬春芹菜栽培。

（6）采收　伏芹菜于 8 月下旬至 10 月可分期分批采收，将根上泥土洗净后扎捆上市。亩产量为 1 250 ~ 1 500 千克。

5. 培土软化栽培

芹菜培土软化栽培，可使食用部分的薄壁组织发达，软白脆嫩，色泽佳，风味美，品质优，且植株高度增加，产量提高。培土软化的芹菜根据各地具体条件，做宽为 1.7 ~ 2.7 米的畦，整地时将土拉向两边做埂。埂宽 70 ~ 80 厘米，高 20 ~ 25 厘米，拍平，供以后培土用。然后将地耙平，开浅沟栽植芹菜，一般行距为 20 厘米，穴距为 12 厘米，每穴栽 4 株。待植株长到 33 厘米高时，便可开始分期培土。具体做法：先用细竹竿将芹菜自行间挑直，再将 2 块培土板（一般长 2.7 ~ 3.0 米，宽 15 厘米左右）插入行间，紧靠 2 行芹菜植株，两端用木桩固定，然后铲挖土埂土，拍细，培于 2 板中间（即行间）。一般 1 板土培 15 厘米深，以后隔 10 ~ 15 天再培第二次土，深 10 厘米左右。也有培 3 次土的。芹菜培土时要一行行依次进行，并须注意深浅一致，用土均匀，土粒不落于菜心，插板和拔板时尽量少伤植株。

培土用的土要干而细，须事先刨松、晒干。

培土结束后，芹菜植株长出土面 22 ~ 25 厘米高时，即可采收上市。采收时先将土刨开，将培土芹菜连根挖起或用镰刀平土收割，然后放在清水中洗去泥土，并去除黄叶，扎捆上市。采收时间为 11 月下旬至翌年 4 月，以春节前后品质最佳。亩产量一般可达 5 000 千克以上。

培土软化所需劳力较多，菜区目前较少采用此法，而是改用合理密植法，使芹菜植株下部见光少，从而达到提高品质的目的。

6. 无土营养液膜（NFT）栽培

芹菜同样适合无土栽培。栽培所使用的营养液中氮、磷、钾最佳组合为：氮 89.60 ~ 112.55 毫克 / 千克，磷 20.80 ~ 24.96 毫克 / 千克，钾 171.60 ~ 218.40 毫克 / 千克。

十三、西洋芹菜

西洋芹菜（图 13-1），又名西洋芹、西芹、洋芹菜、美国芹菜等。为伞形科芹属二年生草本植物。原产地为地中海沿岸的沼泽地带，现世界各地都有栽培。在瑞典、阿尔及利亚、埃及和高加索等沼泽地有野生种。2 000 年前，古希腊人最早栽培，开始作为药用，后作调味的辛香蔬菜，经长期驯化成具有肥大叶柄的芹菜类型，即西洋芹菜。在欧、美栽培面积很大，是仅次于生菜的生食蔬菜。我国于 20 世纪 80 年代自美国引进，目前在大、中城市郊区都有栽培，发展较快。

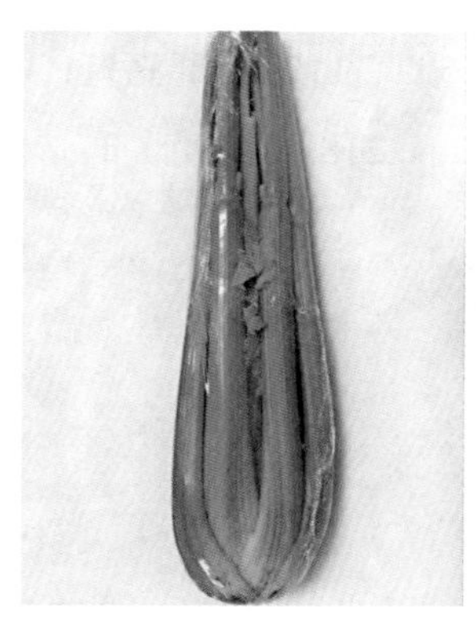

图 13-1　西洋芹菜

西洋芹菜以肥嫩的叶柄供食，可凉拌、热炒、做汤、腌渍或速冻、罐藏等。富含多种维生素和人体必需的各种矿物质，还含有挥发性芳香油，叶和根可提炼香料。具有消炎、降血压、健脑和清肠利便的功效。

与我国的本芹相比，西洋芹菜植株高大，叶柄宽、厚，实心，味甘鲜，纤维少，质地脆嫩，香味较淡。生长期180天左右，品质优，产量高，单株重达0.75~1.50千克，亩产量可达7 500千克以上。我国南、北各地均可栽培，是一种优质、高产的高档蔬菜，很有发展前途。

（一）类型和品种

西洋芹菜一般可分为黄色种、绿色种和杂种群三个类型。

1. 黄色种

茎叶淡绿色，叶柄宽、肉薄，纤维较多，易软化，空心早，对低温敏感，抽薹早，主要品种有美国白芹等。

2. 绿色种

茎叶浓绿色，叶柄圆形，肉厚、纤维少，抽薹晚，抗逆性和抗病性强，不易软化，各品种中以犹他系列最有名，如高犹他52-70、佛罗里达683等，目前栽培较多。

3. 杂种群

是黄色种和绿色种的杂种，既有黄色种的早熟、易软化的特点，也有绿色种的叶绿、柄稍圆、肉厚、纤维少，晚熟，抗性强的特点。优良品种有抽薹早、耐热性强的康乃尔19和空心少、抽薹晚的康乃尔619等。

（二）特征特性

西洋芹菜根系分布浅，主要分布在 15 ~ 30 厘米的土层内。营养生长期茎短缩。叶着生于短缩茎上，1 ~ 2 回羽状全裂复叶，小叶 2 ~ 3 对，卵圆形 3 裂，边缘锯齿状，具叶柄的复叶，柄长而肥大，长 30 ~ 100 厘米，宽 3 ~ 4 厘米。西洋芹菜的维管束厚壁细胞和厚角细胞组织不及中国本芹发达，其维管束之间充满薄壁细胞，但心叶的薄壁细胞特别发达，纤维少，品质好。在维管束附近的薄壁细胞中分布油腺，可分泌具有特殊香气的挥发油，叶柄横切面直径为 3 ~ 4 厘米。茎端抽生花薹后发生多数分枝，高 60 ~ 90 厘米，复伞形花序，花着生在小伞上，花小，白色，虫媒花，异花授粉（也能自花授粉），留种时不同品种要相隔 1 000 米以上，防止杂交串花。果实为双悬果，成熟时沿中缝裂为两半，半果近扁圆形，各含种子 1 粒，种子褐色，极小，有香味，千粒重 0.4 ~ 0.5 克。

西洋芹菜属耐寒性蔬菜，喜冷凉、湿润的环境，在高温干旱条件下生长不良。但耐寒性不及中国芹菜，因此，生长期间西洋芹植株不能露地越冬，在南京地区应在塑料棚内越冬。生长的最适温度为 15 ~ 22 ℃，0 ℃不受冻，但为防止空心，低温期宜保持 3 ~ 5 ℃；不耐高温，30 ℃以上生长不良，品质变劣，因此设施栽培的室温宜控制在 22 ~ 27 ℃，并注意通风和遮阳降温。

西洋芹菜种子发芽最适温度为 15 ~ 20 ℃，低于 15 ℃或高于 25 ℃，就会降低发芽率或延迟发芽时间。当温度降至 4 ℃以下或升高到 30 ℃以上时，几乎不能发芽。所以在 6 月下旬至 8 月下旬的高温季节播种，必须在 15 ~ 20 ℃条件下，进行低温催芽后播种，才能出苗。芹菜种子还需在一定的光照、水分和氧气条件下才能更好发芽，因此种子播种后，除了要保持床土湿润外，覆土不能太厚，只要种子不露土便可，否则会影响出苗率。

西洋芹菜为低温长日照作物。在具 7 ~ 8 片真叶、5 ~ 15 ℃时，需 50 ~ 60 天才能通过春化阶段，比中国芹菜晚 20 天左右，因此在自然情况下越冬，中国芹菜 3 月中旬即抽薹，而西洋芹菜到 4 月上旬才抽薹，可延长供应期 20 天左右。但开花结籽也要晚 20 天左右，此时正值南京地区的梅雨季节，一方面雨季不利于昆虫传粉，降低结籽率，另一方面湿度大，种子在成熟过程中，容易发芽和霉变。所以西洋芹菜在长江中、下游地区，若无温室或大棚等防雨设施，种子产量较低。

西洋芹菜通过春化阶段后，每天要有 12 小时以上的长日照，才能满足光照阶段的要求，因此 4 月份抽薹后，5 月份才会进入开花期。西洋芹菜花期较长，从开花到种子成熟需要 30 ~ 50 天，一般在 7 月中下旬种子成熟。温室、大棚留种栽培的种子成熟较早。

西洋芹菜原产欧洲沼泽地的腐殖质土中，因此对土壤水分和养分的要求较高，保水保肥力强、有机质含量丰富的土壤，最适宜西洋芹菜生长。对土壤 pH 值适应范围为 6.0 ~ 7.6，它的耐碱性仅次于菠菜。生长过程中缺水、缺肥会降低品质。

西洋芹菜要求较全面的营养。在整个生长过程中，氮肥始终占主要地位，土壤中速效氮含量为 200 毫克 / 千克时，地上部发育最好。磷肥不可缺少，尤其在苗期，但磷不宜多用，以免影响品质。一般土壤中速效磷含量以 150 毫克 / 千克为合适。钾肥对西洋芹菜的后期生长极为重要，能促使叶柄粗壮而充实，光泽好，对提高产品质量有良好效果。其次，硼在芹菜生长过程中也很重要，虽然要求数量甚微，但不可缺少。缺硼时，在芹菜叶柄上会发生褐色裂纹。缺钙易引起烂心。

（三）栽培技术

1. 栽培方式与栽培季节

在西洋芹菜的生产上，多采用设施育苗、露地栽培的方式，也可采用设施栽培的方式。

（1）春季栽培 12月中下旬在冷床（阳畦）或小棚内播种育苗，如果采用温室或大棚加小棚播种育苗，播种期可延后到1月上旬。幼苗具3～4片真叶时移苗（假植）1次，3月中旬定植大田。前期宜采用小棚栽培，5月下旬至6月中旬采收上市。

（2）秋季栽培 6月上旬播种，防雨遮阳育苗，8月下旬至9月上旬定植大田，11月下旬至12月上中旬采收上市；7月上中旬播种，防雨遮阳育苗，9月下旬定植大田，翌年元旦至春节（1—2月）采收上市；8月播种，防雨遮阳育苗，10月定植大田，冬季大棚覆盖栽培，可延后至翌年3—4月采收上市。

（3）大棚短期连作栽培 播种期为6月中旬至8月中旬，采用防雨遮阳育苗，9—11月定植于大棚内，12月至翌年3月采收上市；9—11月播种，露地育苗，12月至翌年3月定植于大棚内，4—6月采收上市。

2. 栽培技术要点

（1）播种育苗 大棚内栽培1亩需种量为30克左右。春季和秋季栽培，都应在设施条件下播种育苗。

① 春季栽培：在小棚、大棚、冷床（阳畦）、温室等条件下播种育苗。白天要有 15 ~ 20 ℃的温度，夜间也要保持 5 ~ 10 ℃的温度。在此范围内，温度越高，秧苗生长越快，苗龄越短。苗有 3 ~ 4 片真叶时移苗 1 次。

② 秋季栽培：育苗期间正值夏季高温、干旱和多暴雨季节，不利于种子发芽和幼苗生长，需防雨棚加遮阳网覆盖育苗。苗床应选在排水良好、土质肥沃、土层松软、阴凉和通风良好之处。做宽 1.3 米的苗床，架小棚。播种前，进行种子低温催芽处理，具体方法同秋莴笋栽培。当种子露白时，撒播在浇足底水的苗床上，播后盖细土，再盖草或遮阳网，保湿降温，每天早晚各浇水 1 次，7 ~ 10 天出苗。苗长至 2 ~ 3 片真叶时，移苗 1 次，苗距为 7 ~ 10 厘米，覆盖物日盖晚揭，培育壮苗。种植 1 亩大田需移苗床 18 平方米左右，最好用穴盘育亩。苗具 5 ~ 6 片真叶时带土定植大田。播种后至出苗前，要保持床土湿润，出苗后每隔半个月追施 1 次苗肥，施稀薄液肥。定植前苗床浇水，使根、土密接，拔苗时可少伤根，定植后易成活。

（2）**整地、定植**　西洋芹菜生长期长，需肥需水量大。大田应及早耕翻晒垡，施足基肥。一般亩施腐熟有机肥 3 000 ~ 4 000 千克或有机无机复合肥 50 千克，翻入土中。精细整地，做畦。春季 3 月中旬定植时，因气温低，常有晚霜危害，最好采用小棚或大棚栽培。因生长期较短，发棵也较小，行株距可适当小些，以 50 厘米 ×（20 ~ 25）厘米为宜，1 穴 1 株。秋季栽植，早熟品种定植在露地，1 穴 1 株，因气候适宜，行株距应大些，以（50 ~ 60）厘米 ×（20 ~ 25）厘米为宜，亩栽 5 000 株。

（3）田间管理　西洋芹菜喜冷凉、湿润的气候，不耐高温和霜冻。在田间管理上，应根据不同栽培季节和不同气候特点进行管理。

① 春季栽培：因气温逐渐升高，在温度、湿度管理上，应通过揭膜通风，控制好温度，要注意不使棚内温度过高或过低。及时进行浇水，保持土壤湿润。小棚栽培的，4 月中下旬可揭去薄膜；大棚栽培的，4 月中下旬应将两侧围裙膜除去，并将大棚两侧薄膜拉起，以通风降温防灼伤。

② 秋季栽培：因播种、定植期的不同及生长条件的不同，在田间管理上也不同。8 月下旬定植，11 月下旬至 12 月上旬采收的，可一直生长在露地条件下；7 月播种，9 月下旬定植的，后期可能遇到 –5 ~ –4 ℃低温，因此，后期应考虑用小棚覆盖或直接定植在大棚内。12 月至翌年 2 月，是一年中气温最低的时候，如有 – 6 ℃低温，大棚内应套小棚，并于夜间加盖草帘防冻。西洋芹菜整个生长期都要求湿润的条件，因此应经常浇水，保持土壤湿润，否则生长缓慢，品质变劣。因西洋芹菜生长期较长，在施足基肥的基础上还需追肥，每隔 15 ~ 20 天，结合浇水追施速效氮肥 1 次，并注意防治杂草。

西洋芹菜易发生分蘖，一经发现随时掰除，以节省养分。

如进行软化栽培，应在采收前 15 天进行培土，最后培成 20 厘米高的土垄。

（4）病虫害防治　同实心芹的秋播冬春芹菜栽培。

（5）采收　西洋芹菜定植后 75 ~ 100 天，若生长正常，单株重可达 0.75~1.00 千克，最大的可达 1.5 千克。当心叶直立向上，心部充实，外叶鲜绿或黄绿色，即应及时采收。延误采收期，经济产量反而会下降。如要延长西洋芹菜的供应期，应采用分期播种、分批定植的方法来解决。采收时，用刀平土割下，剥去黄叶，洗净泥土，1 株装入 1 个塑料包装袋出售，不但能提高商品性，而且能起保鲜作用，增加经济效益。亩产量可达 7 500 千克以上。秋冬成株可假植贮藏，或保鲜袋单株包装，置于 1 ℃低温条件下，可贮藏 1 个月，随时上市。

十四、荷兰芹

荷兰芹（图 14–1），又名洋芫荽、番茜、香芹菜、旱芹菜等。为伞形科欧芹属中一二年生矮性草本植物。原产欧洲南部地中海沿岸。西亚、古希腊及罗马早在公元前已开始利用，15—16世纪传入西欧。16 世纪前专作药用，以后开始作蔬菜栽培。欧、美栽培较多。20 世纪初，我国试行栽培。随着改革开放和旅游事业的发展，近几年来，荷兰芹在全国各大中城市郊区发展迅速，栽培面积逐渐扩大，经济效益颇高。

图 14–1　荷兰芹

荷兰芹以清新、鲜嫩的叶片供食，以其无与伦比的芳香及极高的维生素 C 和钙含量而见长，是西餐中不可缺少的辛香蔬菜，通常作配菜装饰，亦可生食、凉拌或汤食，芳香美味。

（一）类型和品种

荷兰芹按叶面皱缩程度，可分为板叶（光叶）和皱叶两类。

1. 板叶种

叶为尖叶，扁平，缺刻粗大，叶片卷皱很少，根和叶供食。如意大利香芹菜、Hamburg 等品种。

2. 皱叶种

叶缺刻细裂，卷皱呈鸡冠状，三回羽状复叶，形状优美，颇具观赏价值，以叶片供食，为各地的主栽品种。如 Paramount 等品种。

（二）特征特性

荷兰芹为直根系，主根较粗壮，淡黄色，分布在距土表 15 ~ 17 厘米处，较浅。茎为短缩茎，属矮性植物，株高 30 厘米。根出叶，叶色浓绿，类似胡萝卜的复叶，叶柄长，叶面卷缩，叶缘深锯齿状；当温度适宜时，每 3 ~ 4 天长出 1 片叶子，整个生长期可长出 50 多片叶子；出现 20 片叶子以后，生长速度减慢，这时摘除部分叶子，可促进叶片的生长。4—5 月抽薹，花梗长 65 厘米左右，先端分枝，着生伞形花序，花群生，多数，淡绿色小花。种子灰褐色，极小，形如圆筒，有芳香味，6—7 月种子成熟，千粒重 1.5 ~ 2.2 克。

荷兰芹喜冷凉的气候和湿润的环境。生长适宜温度为 15 ~ 20 ℃，耐寒力强，幼苗能忍受 –5 ~ –4 ℃的低温，成长植株能忍耐短期 –10 ~ –7 ℃的低温。种子在 4 ℃的低温条件下开始发芽，而发芽的最适温度为 15 ~ 20 ℃，经 10 天发芽。不耐热，25 ℃以上的温度，会发生徒长，叶肉变薄，生长不良。7—8 月高温季节，植株生长衰弱，强烈的日光照射，易导致植株枯死。

花芽分化时要求有一定大小的秧苗及低温长日照条件。

荷兰芹喜湿润，在整个生长期间要注意浇水，保持土壤有较多的水分，但不能积水。

栽培时以保水力强而富含有机质的肥沃壤土或沙壤土为宜，土壤 pH 值为 5 ~ 7 为最适。荷兰芹正常的生长需要大量的养分，但其根系吸收力较弱，因此，追肥要薄肥勤施。对硼肥反应较敏感，缺乏易引起裂茎病。耐短期连作。

（三）栽培技术

1. 栽培方式及栽培季节

荷兰芹从播种到采收需 4 ~ 5 个月，而采收期又长，前后达 4 ~ 6 个月，整个生育期长达 1 年之久，是一种陆续采收的蔬菜。主要栽培季节有如下几种。

（1）夏播冬收　6 月开始直播或育苗，育苗移栽的，9 月初定植，11 月开始采收，一直可采收到翌年 5 月抽薹开花前。其中，12 月至翌年 3 月可覆盖大棚保温，以增加冬季产量。

（2）秋播春夏收　10 月播种，幼苗越冬，翌年 5—8 月采收上市。因越冬时苗小不会感应低温，所以春天没有先期抽薹现象。

（3）冬播夏秋收　12 月至翌年 1 月在大棚、温室内播种育苗，3 月定植露地，采用地膜覆盖栽培，5—12 月采收上市。在夏季高温季节，要采用遮阳防雨棚栽培，以遮阳、降温、防暴雨，否则生长不良，甚至枯死。

（4）高山冷凉栽培　4—5 月播种，7—11 月采收上市。

2. 栽培技术要点

荷兰芹以直播为主，也有育苗移栽的。

（1）播种　栽培荷兰芹要选择土层深、通气性良好、灌排两利的田块。可以短期连作。大棚栽培的，播种或定植前 1 个月，对土壤要进行耕翻，灌水后覆盖塑料薄膜，以在高温高湿条件下杀死根结线虫。揭膜后再晒垡一段时间。待土壤干燥后施基肥，亩施腐熟有机肥 3 000 千克或三元复合肥 40 ~ 50 千克，然后耕翻、整地、做畦。南方雨水多应做成深沟高畦。

由于从播种到出苗需 7 ~ 10 天，发芽率又低，一般只有 50% ~ 60% 的发芽率，所以直播的，无论是条播还是穴播，都要增加播种量，一般亩需种量为 500 ~ 700 克，条播的比穴播的需种量多。播种行距为 40 厘米，株距为 12 ~ 20 厘米。如果育苗移栽，也可按以上行株距定植。种子播种后稍镇压，浇透水，上覆碎稻草或遮阳网，保湿降温，以利出苗，出苗后及时揭去覆盖物。

（2）育苗　夏季因气温高并常有暴雨冲击，宜采用防雨棚加遮阳网育苗，如用穴盘育苗则更为理想。冬季大棚、温室育苗时，也可用穴盘育苗，床温保持在 20 ~ 25 ℃，采用多层覆盖或电热线加温育苗，待种子发芽出苗后，床温应降至 15 ~ 20 ℃，以培育壮苗。

（3）定植　直播的要及时间苗，一般间苗 2 ~ 3 次后，按行株距定苗。育苗移栽的，当秧苗具 5 ~ 6 片真叶时定植大田。

（4）追肥　因荷兰芹生长期很长，在施足基肥的基础上还需追肥，一般结合间苗进行，每亩追施氮、磷、钾复合肥 15 千克。以后每隔 1 个月再追肥 1 次，采收期间每采收 1 次追施 1 次液肥，可用 0.3% ~ 0.5% 尿素溶液浇施。亦可用 0.3% 磷酸二氢钾进行根外追肥。

（5）摘叶、覆盖和灌水 夏播田块，最好铺草降温，防止降雨时泥浆沾污叶子，并及时摘除黄叶、基部腋芽抽生的侧枝叶。

冬春季为使土温升高，要进行地膜覆盖栽培，同时也应将侧芽摘除。

荷兰芹喜湿润环境，生长期间应及时浇水，尤其是在大棚、温室栽培的，每 7 ~ 10 天就要浇透水 1 次。

（6）中耕除草 荷兰芹生长期长，田间易生杂草，故要经常中耕除草。

（7）病虫害防治 常见斑点病，可用 50% 代森锰锌可湿性粉剂 500 倍液喷雾防治。

（8）采收 荷兰芹是一次栽植多次采收的蔬菜，可以陆续采收外叶上市，采收期可持续 4 ~ 5 个月。一般情况下，10 天生长 1.6 ~ 1.7 片叶，因此每 10 天可采收 2 片叶子。当植株生长到 12 片叶子时即可开始采收，超过 13 片叶子的植株，基部叶片往往容易衰老，品质变劣。如果未长足 10 片叶子时采收，因叶片小，商品性下降。理想的采收标准是叶重 11 克，叶柄长 11 ~ 12 厘米。低温季节，为促进生长，基部可保留 1 ~ 2 个腋芽，以后其抽生的叶片可供采收。高温期间采收的叶子，要进行预冷后出售，以延长货架寿命。

十五、鸭儿芹

鸭儿芹（图 15–1），又名三叶芹、野蜀葵。为伞形科鸭儿芹属多年生草本植物。原产朝鲜、日本和中国。在东亚、北美温带及韩国等地区都有野生种。鸭儿芹在《本草纲目》中被列为可食之野草。目前，是日本重要的栽培蔬菜之一。

图 15–1　鸭儿芹

鸭儿芹以柔嫩的茎叶供食用，有特殊风味，主要生食或做汤料。中医认为其全株可入药，对身体虚弱、尿道感染及肿毒等症有疗效。是一种具有较高营养价值和药用价值的蔬菜。

（一）类型和品种

在生产上鸭儿芹品种很少分化，只要在栽培中不断淘汰那些早期抽薹和生长不良的植株即可。日本关东一带栽培较多的品种，为抽薹晚、茎白色、适宜软化栽培的品种，如柳川 1 号、柳川 2 号和增森白茎等。

（二）特征特性

鸭儿芹一般株高 30 ~ 60 厘米，全株无毛，野生种株形开张，栽培种直立。根茎很短，根较粗。叶为根出叶，具有长柄，淡绿色，叶柄先端有 3 片心脏形小叶，故名三叶芹，小叶无柄，先端尖，有尖锯齿或浅缺刻，越向上部叶柄长度越短，基部呈鞘状。6—7 月抽生长 60 厘米的花梗，着生复伞形花序，花白色。果实为双悬果，椭圆形。种子黑褐色，长纺锤形，有纵沟，极小，千粒重 2.25 克。

鸭儿芹喜冷凉潮湿半阴地，忌高温、干燥和强光照，适于凉爽地区山间地带栽培。种子在 8 ℃以上才能发芽，最适发芽温度为 20 ℃。鸭儿芹为好光发芽性蔬菜。生长适温为 15 ~ 22 ℃。耐寒性强，根株在寒冷地带也能安全越冬，只要气温在 25 ℃以下，均能生长良好。夏季为了降低气温，过去用竹帘、芦帘覆盖遮阴，现在可用黑色遮阳网覆盖栽培。

花芽分化与抽薹的原因正在探索中，多数认为具有 3 片真叶以上、在低温条件下促进花芽分化，高温长日照条件下抽薹开花。

鸭儿芹喜潮湿不耐旱，故要选择保水力强的土壤。为使根株易于掘起和软化，宜选择疏松、含有机质多的土壤栽培。

（三）栽培技术

1. 栽培方式及栽培季节

生产上有青鸭儿芹栽培和软化鸭儿芹栽培两种方式。前者不进行软化，叶柄长 10 ~ 15 厘米。软化栽培的鸭儿芹叶柄可长达 30 厘米以上。

（1）青芹栽培 南方露地栽培，一般从 2 月开始可分期分批播种，一直可播种到 9 月，从 4 月开始一直可采收到 11—12 月。近年来盛行水培（NFT 栽培），全年可栽培 8 ~ 10 茬，每茬从播种到采收仅需 35 ~ 50 天。

（2）软化栽培 又分为床窖软化和培土软化两种。床窖软化的根株养成季节，有春播和秋播；培土软化的根株养成季节，只限于春播。

春播于 4—5 月播种，冬季进行软化。床窖软化的，从 11 月开始采收，可收到翌年 2—3 月；培土软化的，在翌春发芽前，将根株培土软化，采收期为 2—5 月。

秋播的，于 9—10 月播种，翌年春夏季软化，此时正值农忙和高温季节，难度大，仅限于高山地区进行。

2. 栽培技术要点

（1）青芹栽培 选取地下水位低、排水良好的沙壤土。播种前亩施腐熟有机肥 2 000 千克，复合肥 30 千克，与土混匀后做畦。撒播、条播或宽幅条播，亩播种量需 2 千克。播后镇压、浇透水，盖草，10 天左右出苗，出苗后揭去覆盖物。分次间苗，最后保持 5 厘米的苗距。勤浇水，每 2 周用 0.3% ~ 0.5% 尿素水溶液追肥 1 次。

夏季高温季节，每天早、晚各浇水 1 次，覆盖遮阳网，11 月至翌年 3 月用无纺布或小棚覆盖保温。低温季节需 3 个月，一般 50 ～ 60 天，植株长到 15 ～ 20 厘米时，即可采收上市。

南方温暖地区，可周年生产；北方寒冷地区，3—10 月露地播种，可周年采收。

家庭可用容器栽培。鸭儿芹为浅根性作物，容器深度有 10 厘米以上即可。培养土 pH 值以 6 ～ 7 为宜。培养土调制方法：沙与有机肥料比例为 7 ∶ 3，或沙土、沙、有机肥料按 3 ∶ 4 ∶ 3 比例配制。容器底面必须打孔，以利通气排水。容器底层装粗土块，使排气排水良好，有利于根系生长，在粗土块上再加盖培养土。容器置于半阴处，将处理好的种子进行条播，每 1 ～ 2 厘米播 1 粒种子。种子有好光性，只需用手掌稍镇压一下就行，充分灌水、覆盖报纸，每天浇水 1 次，促进发芽。发芽后立即除去覆盖物，畦面应始终保持湿润状态。当第一片真叶展开时，用尿素 500 倍液，7 ～ 10 天浇施 1 次。浓度切勿过浓，以免伤根。容器栽培亦可周年生产与供应。

（2）软化栽培 通常多以春播养成的根株进行软化栽培，关键在于如何育成健壮的根株。播种前施足基肥，亩施三元复合肥 30 千克与土壤混合。各地多在 4 月下旬至 5 月上旬播种，采用撒播、宽幅条播和条播的方法。由于出苗较慢，故应注意做好防除杂草工作。出苗后及时间苗，同时要拔除已抽薹的植株。6—7 月当幼苗长有 4 ～ 5 片真叶时，追肥 1 次，到 9 月再追肥 1 次，追肥用量以每亩纯氮、纯钾各 3 千克为宜。根株长到 10 月下旬至 11 月上旬时，细心将根株掘起，注意勿伤根，抖落泥土，用稻草轻轻地将根株捆成直径为 10 厘米 1 束，临时并列假植于田间挖掘好的浅沟中，四周培土，以备软化栽培。具体软化方法如下：

① 床窖软化：冬季选择避风向阳处或大棚内，挖长 6 ~ 9 米，深 60 ~ 75 厘米，宽 90 ~ 120 厘米的沟窖，底铺稻草或酿热物，上铺肥土 5 ~ 6 厘米。也可在床底铺设电热线（每 3.3 平方米电功率为 150 ~ 200 瓦），亩根株产量为 1 500 ~ 2 000 千克的田块，需软化床面积 20 ~ 25 平方米。床做成后，将假植的根株取出，地上部留 5 ~ 6 厘米剪平，紧密埋植于沟底床土中，然后每 3.3 平方米浇水 70 千克，根株上覆以草帘，再覆稻草束，沟窖地面覆塑料薄膜窗，上覆一黑膜，夜间再盖上草帘，做到既保温又遮光。床温在发芽前保持 25 ~ 27 ℃，发芽后为 18 ~ 25 ℃，后半期为 15 ~ 20 ℃，由温控器控制床温。以后晴天每日每平方米浇温水 15 ~ 18 千克，阴天酌减。当芽长到 10 厘米长时，透弱光 2 ~ 3 天。至采收前 3 ~ 4 天，揭除覆盖物见光绿化。一般软化 25 ~ 30 天，长至 30 厘米以上时，即可齐根割“头刀”上市。共可割 2 ~ 3 刀。

秋季播种，翌年 5—8 月采收上市的根株，不宜挖沟窖软化，相反软化床应高出地面。选阴凉通风、排水良好的地块，搭设防雨棚。做成高出地面 50 厘米、宽 90 厘米的长方形棚架，外面遮盖黑色遮阳网或芦帘。根株留叶柄长 8 ~ 10 厘米切断，整齐排列于床内，尽量保持 20 ℃床温为管理目标，通过每天浇水来调节床温。在采收前 3 ~ 4 天，也要进行见光绿化处理。可采收 2 次。

② 培土软化：初夏 5 月播种时，在畦宽或小棚宽 1.2 米的栽培畦上播种 2 宽行，行距为 50 ~ 60 厘米，冬春培土前摘除枯叶，之后进行中耕，追肥，分次培土，厚度 12 ~ 13 厘米。如温度低，可扣上小棚促进早发，床温宜保持在 15 ~ 18 ℃。当床温达到 20 ~ 25 ℃时，就应通风换气。当培土软化变白的部分达 12 厘米左右、地上部茎叶总长达 24 厘米时即可采收。采收植株时留 5 厘米根须。

十六、珍珠菜

珍珠菜（图 16-1），别名珍珠花菜、白花蒿、香菜、角菜、扯根菜、虎尾等，属多年生草本植物，以嫩绿清香的叶片为食用部位。珍珠菜原产于我国广东省潮汕地区和台湾省的北部地区，分布于东北、华北、华南、西南及长江中下游地区。

图 16-1　珍珠菜

珍珠菜是潮州菜式中的必需品之一，可用做鸡蛋花汤、凉拌菜等。珍珠菜常生于荒地、山坡、草地、路边、田边和草木丛中。因花小，白色如同串串珍珠，故而得名珍珠菜。

（一）特征特性

珍珠菜为多年生草本植物，株高 30 ~ 90 厘米，浅根性。茎直立，分枝性强，茎带紫红色，通常无毛，易发生不定根。叶互生，叶片羽状分裂，小叶叶缘锯齿状且叶柄长，槽沟状，叶片深绿色。总状花序，生于茎的顶端，花小型，花瓣白色，花期 4 ~ 5

个月，果期 5 ~ 6 个月。珍珠菜喜温暖，但对温度要求不严格，在 35 ~ 38 ℃高温下仍生长良好，有很强的耐高温能力，也耐低温，在广州露地栽培能安全越冬。对土壤适应性较强，但以疏松肥沃、灌溉良好的壤土栽培，其产量高、品质好。

珍珠菜营养丰富，极具开发价值，全年可采摘嫩梢、嫩叶食用。珍珠菜的茎叶中含丰富的矿物质，尤以钾的含量最高，并含有类黄酮化合物等。民间认为珍珠菜是对妇女有益的蔬菜，可作为产妇的补身菜谱。

（二）栽培技术

1. 栽培方式与栽培季节

大棚栽培，播期为 3 月初至 9 月底；露地栽培，播期为 4 月中下旬至 8 月底（图 16–2）。

图 16–2　珍珠菜田间

2. 栽培技术要点

（1）育苗

① 扦插育苗：根据定植时间，在温室大棚内全年均可进行。采用基质穴盘扦插育苗，基质为泥炭、珍珠岩、蛭石按 4 ∶ 1 ∶ 1 混合均匀，灌满 50 孔穴盘，浇透水备用。插穗选健壮母株，截取其 2 ～ 3 节 6 ～ 8 厘米的茎，扦插于事先准备好的穴盘中，扦插深度约为插穗的 1/2。扦插后压实浇透水，保湿。棚室育苗由于温度高，光照强，需要采用 60% ～ 75% 的遮阳网遮阴，保持温度在 20 ～ 25 ℃，空气相对湿度 90%，基质相对含水量 60% 以上。一周即可扦插成活。扦插 10 天后，用氮、磷、钾含量为 20–10–20+TE 速效全溶育苗生长型肥料，配制成 1 000 倍营养液浇灌。每隔 10 天一次，促进幼苗生长。苗龄为 30 ～ 40 天。

② 分株繁殖：分株繁殖根据定植时间，自基部向上留取 3 ～ 5 厘米，切除地上部分，挖出株丛，用刀把各小株切割开，剪去老根老叶，即可定植。采用分株繁殖，一般繁殖系数为 10 ～ 20。

（2）整地施基肥定植 珍珠菜对土壤的适应性较强，为获优质高产，宜选择土质疏松、排水良好、有机质含量丰富的沙壤土或壤土。每亩施腐熟有机肥 2 000 ～ 3 000 千克、45% 三元复合肥 40 ～ 50 千克做基肥，深耕 30 厘米，整平，8 米大棚做成 4 条宽 140 厘米、高 20 厘米的畦，按株行距均为 30 厘米定植，定植后及时浇定根水。

（3）田间管理 珍珠菜属浅根性作物，定植初期应加强肥水管理，扦插苗定植后 3 ～ 4 天，分株移栽的一周后即恢复正常生长，可用氮、磷、钾含量为20–10–20+TE速效全溶育苗生长型肥料，配制成300 ~ 500倍营养液进行浇灌，半月后再浇灌一次。结合追肥，封行前中耕除草两次。

当外界气温高于25 ℃时，将大棚两边通风口完全打开，保持通风降温；在6—9月，采用50%遮阳网棚顶覆盖遮阴；进入冬季最低气温下降到10 ℃以下时，晚上盖好大棚膜，大棚内最低温度下降到5 ℃以下时，覆盖二层膜，提升夜间温度。

珍珠菜进入采收期后，根据植株长势，每收割2~3次，进行一次追肥，每次追施45%氮、磷、钾复合肥20~30千克。

珍珠菜栽种两年后，株丛过于密集，老根枯根多，新根萌发减少，需要在冬春季节进行中耕时挖除株丛的1/3或1/2。一般栽培4 ~ 5年后就要重新深翻土地，育苗移栽。

（4）病虫害防治 珍珠菜栽培过程中无明显病害发生，主要有蛴螬、蚂蚁、蛞蝓、蜗牛等危害。蛴螬可在被害植株根部进行捕杀。白花蒿含有特殊的芳香物质，采收后的地上部会残留汁液吸引蚂蚁，要注意防治。地表阴暗潮湿的环境容易出现蛞蝓、蜗牛，可用四聚乙醛颗粒剂防治。

（5）采收 3—4月定植的珍珠菜，30 ~ 40天开展度达20 ~ 30厘米，叶片长15 ~ 20厘米就可采收，以后每隔15 ~ 20天收割1次。随着气温升高，珍珠菜的生产加快，采收的间隔也应缩短。采收时收割高度以地面上2 ~ 3厘米为宜。一般全年每亩产量可达8 000 ~ 10 000千克。

十七、冬寒菜

冬寒菜（图 17–1），又名冬葵、葵菜、滑肠菜、葵等。为锦葵科锦葵属中以嫩茎叶供食的栽培种，属二年生草本植物。原产亚洲东部，广泛分布于东半球北温带及亚热带地区。冬寒菜在我国、日本及朝鲜自古作为蔬菜栽培，现在我国南北各地都有栽培，其中湖南、四川等地栽培较多。亚洲的印度、非洲的埃及以及欧洲等地区亦有分布。

图 17–1　冬寒菜

冬寒菜以幼苗或嫩梢供食用，质柔软而带黏性，可炒食或作汤料，风味清香，口感滑润。冬寒菜营养丰富，每 100 克食用部分含蛋白质 3.1 克，胡萝卜素 8.98 毫克（为黄胡萝卜的 2.5 倍），钙 315 毫克，磷 56 毫克，抗坏血酸 55 毫克，在蔬菜中名列前茅，是颇受市民喜爱的营养价值很高的绿叶类蔬菜，我国元代王桢所著《农书》中称“葵为百菜之主”。其根、花及种子还可入药，可治咽喉肿痛等症，种子有利尿解毒等功效。

冬寒菜春季抽薹比一般二年生蔬菜晚。在长江流域各地，恰逢冬春淡季及4—5月叶菜抽薹开花期，缺乏叶菜供应，冬寒菜对调剂市场蔬菜供应有很大作用。

（一）类型和品种

1. 紫梗冬寒菜

茎绿色，节间及主叶脉均为紫褐色，叶脉基部亦呈紫褐色，叶绿色，七角心脏形，主脉7条，叶柄较短，叶大而肥厚，叶面皱。长势强，开花迟，生长期长，较晚熟。如重庆大棋盘，福州紫梗冬寒菜。

2. 白梗冬寒菜

茎绿色，叶较小而薄，叶柄较长，较耐热，较早熟，适宜早秋播种。如重庆小棋盘，福州白梗冬寒菜。

（二）特征特性

冬寒菜根系发达，直播的主根深入土中30厘米以上，侧根水平分布60厘米。茎直立，绿色，节间紫褐色，株高30 ~ 90厘米，留种植株高达2米以上，嫩梢采摘后分枝力强。叶互生，具长柄，绿色，叶片大，绿色，圆扇形，叶脉略呈紫褐色，叶面微皱缩；基部叶心脏形，掌状 5 ~ 7 裂，叶缘有圆锯齿；茎叶披白色茸毛，尤其叶腋基部茸毛更多。6 月抽薹开花，花具短柄，簇生于叶腋，花小，淡红或紫白色。果实为蒴果，扁圆形，由 10 ~ 12 个心被组成，果实成熟时各心被彼此分离，并与中轴脱离。种子成熟时为淡紫色，肾脏形，扁平，表面粗糙，千粒重 8 克。

冬寒菜性喜冷凉湿润的气候，不耐高温和严寒。开始发芽温度为 8 ℃以上，发芽适温为 25 ℃左右，茎叶生长适温为 15 ~ 20 ℃；30 ℃以上高温，病害重，低于 15 ℃，茎叶生长缓慢。耐轻霜，稍低温度下，梢叶品质好；耐热性很差，夏季高温下播种，常自行“化苗”死去，同时高温下还会促进其茸毛增多增粗，组织硬化，品质降低。

冬寒菜喜湿润，对土壤要求不严格，但在保水保肥力强的土壤栽培更易获得优质高产。对肥料要求是以氮肥为主，需肥量大，耐肥力较强。

冬寒菜不宜连作，需间隔 3 年。

（三）栽培技术

1. 栽培方式与栽培季节

通常行露地栽培。多数在地边、沟边、塘边或零星地种植，很少有大面积种植。北方冬春低温期，可进行日光温室、大棚、小棚等设施栽培。

南方温暖地区，常常初秋至初冬播种，即 8 月下旬至 11 月上旬，但以 9 月下旬播种为宜。当年可采收 2 ~ 3 次，可持续采收至翌年抽薹开花前。春播的，于 2 月播种，4 月开始采收，也只能采收 2 次，之后就抽薹开花。所以春播时，可采用地膜覆盖、小棚、大棚、日光温室等设施栽培，可提早采收上市，以延长采收期，增加产量。秋播时，采用防雨棚加遮阳网等防高温设施栽培，可适当提早播种，以提早采收，延长供应期，实现高产优质。

华北、东北等寒冷地区，多数在春季土壤解冻后播种，夏季采收上市。

2. 栽培技术要点

大田及旱耕翻晒垡或冻垡，施基肥种类、用量同番杏。精细整地，做畦。北方气候干燥，多采用平畦或凹畦；南方雨水多，宜采用深沟高畦，以利排水。畦宽 1.5 ~ 2.0 米，高 15 厘米左右。播种采用穴播或撒播。

穴播的，行株距为 25 厘米 ×25 厘米，每穴播种子 5 ~ 6 粒，亩播种量为 500 克左右。间苗后留 3 ~ 4 苗。春播时土温、气温低，播后 8 ~ 10 天出苗，经 50 ~ 60 天可全株采收。可用无纺布或地膜覆盖，以提早出苗，提早上市。

撒播的，亩播种量为 500 ~ 1 500 克，幼苗具 4 ~ 5 片真叶时，开始间苗。间 2 次苗，苗距为 16 厘米左右，以 2 ~ 3 苗为 1 簇。苗高 18 厘米时，开始采收，直至抽薹开花期止。

冬季采收前要追肥，但因生长缓慢，植株小，需肥不多，肥料不能过浓、过量，一般每亩用尿素 5 千克，按 1 ∶ 500 倍兑水稀释后浇施。冬季采收时可留茬 4 ~ 7 厘米（4 ~ 5 节处），采摘上段叶梢，如果留茬过短，易受冻害，伤及基部芽。

春季采收应贴近地面留 1 ~ 2 节采摘，若留茬过高，侧枝萌发过多，常可达 7 ~ 8 个，这样养分分散，新发的叶梢不肥嫩，品质差。春季生长旺盛，7 ~ 10 天即可采收一次，此时消耗大量水分和养分，应加强肥水管理，每采收一次追一次肥水，每亩用尿素 5 ~ 8 千克，按 1 ∶ 300 倍兑水稀释后浇施。

冬寒菜秋播的亩产量为 2 000 千克左右，高产的可达 3 000 千克；春播的亩产量仅为 1 000 ~ 1 500 千克。

冬寒菜病虫害较少，有时有蚜虫、地老虎和斜纹夜蛾危害。蚜虫可用吡虫啉喷雾防治。对于斜纹夜蛾可用甲氨基阿维菌素苯甲酸盐按说明配比喷雾防治。

十八、番杏

番杏（图 18-1），又名洋菠菜、新西兰菠菜等，为番杏科番杏属一年生半蔓性草本植物，原产澳大利亚，新西兰、澳大利亚、东南亚及智利等地都有野生种。亚、澳、美、欧等洲虽都有分布，但栽培面积不广。番杏引进我国不久，目前大面积栽培的尚少。

图 18-1　番杏

番杏以嫩茎叶供食用，凉拌、炒食、做汤皆宜，营养丰富。因其茎叶内含有一种单宁，所以有苦涩味，但如果在食用前用水煮透，则清香可口，别具风味。

番杏具有抗病虫能力强、适应性强、耐热、栽培容易、生长旺盛、采收供应期长等特点，只要采用适当的烹饪方法，人们还是比较喜欢食用的。番杏是一种炎夏淡季供应市场的很有发展前途的绿叶类蔬菜。

（一）特征特性

番杏根系发达，直根深入土中。茎绿色，初期直立生长，后期匍匐地面蔓生，其蔓可长达数米。叶片近三角形，互生，绿色，肥厚，多茸毛，叶面密布银色细粉。每个叶腋都能抽生侧枝，嫩尖采收后，侧枝萌发更快。花着生于叶腋，无瓣，花小，黄色。果实成熟后褐色、坚硬，有 4 ~ 5 个角，似菱角。与普通菠菜一样，每果含种子数粒，千粒重 83 ~ 100 克。

番杏喜温暖，耐炎热，也较耐寒，温暖地区能露地越冬。适应性强，在强光、弱光下均生长良好。喜湿润，干旱会降低产量和品质。宜在肥沃的壤土和沙壤土中栽培，生长期间要多施氮肥，其次是钾肥。

（二）栽培技术

1. 选地和整地

选择排灌方便的沙壤土或壤土种植，在入冬前或播种前进行耕翻冻垡，每亩施腐熟的有机肥 2 000 ~ 3 000 千克，配合增施 50 千克叶菜专用复合肥，破碎土壤，使土肥混合均匀，整地、做畦，准备播种。

2. 播种

生产上常采用春播种植，播期早的在 2—3 月，迟的在 4—5 月，适当早播可提高产量和品质。番杏种子吸水比较困难，直接播种一般要经过 20 多天才能出苗，且出苗不整齐，因此，最好是在播种前进行种子处理。处理方法：将番杏种子与 1 ~ 2 倍的沙粒混合，进行适当研磨，使种皮（实际上是果皮）受到一定程度的破伤，以利吸水，可使早出苗。也可用 40 ~ 45 ℃温水浸种 24 小时，然后放在 25 ℃条件下催芽，待大部分种子稍膨胀裂开时，进行播种，有利于出苗整齐。

播种时，在畦面按行株距 50 厘米 ×30 厘米开浅穴进行点播，每穴播种子 4 ~ 5 粒，每亩用种量为 4 ~ 5 千克。撒播、条播也可以，但生产上多用点播。播后覆一层薄土，经常浇水，保持土壤湿润。也可采用育苗移栽的方法。

3. 田间管理

（1）追肥　番杏喜氮肥和钾肥，且生长期长。因此，在施足基肥的基础上，还应进行多次追肥。一般在采收前（若植株生长健壮，叶色鲜绿，可不追肥）每亩施尿素 10 千克，硫酸钾 10 千克。以后每采收 1 次，结合浇水追肥 1 次。

（2）浇水　番杏以嫩茎叶作为产品器官，因此，在重施追肥的同时，还必须供应充足的水分。在生长期间应勤浇小水，保持土壤湿润。遇雨涝时应及时排除田间积水，防止根系受渍。

（3）中耕除草　番杏生长前期，幼苗尚小，行间空地大，易生杂草，应及时中耕除草。也可在行间套种小白菜、茼蒿、芫荽等速生绿叶类蔬菜，可抑制杂草的生长。

（4）其他田间管理 番杏的抗病虫能力强，在生长过程中很少发生病虫害，偶尔有食叶害虫啃食叶片，可用百草1号、Bt乳剂等生物农药兑水后（农药：水 =1 ：500）喷雾防治。交替使用，7 ~ 10天1次，连续2 ~ 3次。

此外，番杏的侧枝萌发能力很强，尤其在采收幼嫩茎尖之后。因此，应进行适当的植株调整，打掉一部分侧蔓，以利通风透光，使植株生长健壮。

4. 采收

番杏的采收简便易行，只要用手掐取幼嫩茎尖未木质化的部分即可。在夏、秋季节，如果肥水条件跟得上，每10 ~ 15天采收1次，一直可采收到下霜，采收期长达4 ~ 5个月。

十九、菊花脑

菊花脑（图 19-1），又名菊花叶，为菊科多年生宿根性草本植物，原产中国，是菊科草本野菊花的近缘植物，湖南、贵州等省有野生种，在江苏南京地区作为一年生或多年生蔬菜栽培，已成为这一地区具有鲜明特色的传统特产蔬菜。据不完全统计，每年上市量达几百吨，深受消费者欢迎。

图 19-1　菊花脑

菊花脑主要以嫩梢供食用，可炒食或汤食，是南京人在炎夏高温季节作汤菜用的重要绿叶类蔬菜之一。菊花脑叶碧绿、脆嫩，食之清香爽口，别具风味。其营养丰富，尤其是蛋白质、维生素 A 和矿物质含量高，还含有黄酮类和挥发油等芳香物质，所以有特殊香味，已被加工制作成清凉饮料。

菊花脑还可入药，有清热凉血，调中开胃，降血压和清热解毒作用。菊花脑在南京地区一年中除了10—12月因开花结籽不能采摘上市外，其余时间均可采收上市，虽然每个月的上市量不大，但对调节市场蔬菜供应，特别是炎夏季节的市场供应，增加蔬菜花色品种、丰富消费者的菜篮子，有着重要意义。

（一）类型和品种

按叶片大小，可分为小叶种和大叶种。

1. 小叶菊花脑

叶片小而先端尖，叶缘缺刻深裂，叶柄常带淡紫色，产量低，品质较差。

2. 大叶菊花脑

又称板叶菊花脑，是从小叶菊花脑中选育而成的品种，叶片较宽大，呈卵圆形，先端较钝圆，叶缘缺刻细而浅，产量较高，品质好，是目前生产上栽培较多的一种。

（二）特征特性

菊花脑冬季经严霜后，地上部分枯死，但地下的根可安全越冬，翌年早春又萌发新株。一般株高30 ~ 50厘米，有的可高达1米左右，茎纤细，直径为0.2 ~ 0.5厘米，半木质化，直立或匍匐生长，分枝性强，无毛或近上部有细毛。叶片长卵形，长2 ~ 6厘米，宽1 ~ 4厘米，互生，无毛或叶脉处有稀疏细毛；叶面绿色，背面淡绿色，叶缘呈粗大的复锯齿状或二回羽状深裂；叶基稍收缩成叶柄，具窄翼，绿色或带淡紫色。叶腋处秋季抽生侧枝。10—11 月开花，头状花序着生于枝顶，花序直径为 1.0 ~ 1.5 厘米，花梗长 5 ~ 10 厘米，总苞半球形，舌状花和管状花同生于 1 个花序，花黄色。瘦果，12 月成熟。种子极微小，灰褐色。

菊花脑适应性广，性耐寒，忌高温，耐瘠薄和干旱，不择土壤，到处能生长。一般房前、房后、沟边、河边、田边隙地皆可种植，而在土层深厚、地力肥沃、排水良好的土壤中栽培，产量高，品质好。

种子在 4 ℃以上就能发芽，发芽适温为 15 ~ 20 ℃；幼苗生长适温为 12 ~ 20 ℃，成长植株在高温季节也能生长，但品质较差。20 ℃时采摘的嫩梢品质最好。一年中 5—6 月和 9—10 月为采摘的最佳季节。

菊花脑为短日照植物，强光照有利于茎叶生长，短日照有利于花芽形成和抽薹开花。

（三）栽培技术

1. 栽培方式及栽培季节

（1）露地栽培　菊花脑栽培容易（图 19-2），采用种子播种或分株繁殖，1 次栽培可多次采收。零星种植多采用分株繁殖，成片栽培则采用种子直播或育苗移栽。可进行一年生或多年生栽培，多年生栽培时，3 ~ 4 年后植株衰老，需要更新。一年生栽培的，9—10 月植株现蕾时，拔除换茬。

① 选地整地：以排水良好，土层疏松，比较肥沃的土壤栽培。及早耕翻冻垡，施足基肥，每亩施腐熟有机肥 2 000 千克，

图 19-2　菊花脑田间

翻耕、破碎土垡，整地做畦。畦宽 2 ～ 3 米，高 15 ～ 20 厘米，准备播种或移栽。

② 播种或分株繁殖：于 2 月上旬至 3 月上旬撒播，每亩用种量为 500 克左右。播后用踏板镇压，浇透水。如进行育苗移栽，苗床准备和播种方法同上。于 4 月上旬进行定植，按穴距 15 ～ 20 厘米，3 ～ 4 株 1 穴定值。定植后立即浇透、浇匀定根水，以利活棵。

进行分株繁殖的，一般用于小面积栽培，于 4 月上旬挖开老桩菊花脑根际土壤，露出根颈部，将已有根的侧芽，连同 1 段老根切下，移栽于新植地，随即浇透定根水。

③ 田间管理：

一是追肥，要多次追肥。齐苗至第一次采收前，或移栽成活后，进行第一次追肥。以后每采收 1 次追肥 1 次。可使用水溶性肥料或叶面肥。如实行多年生栽培，在冬季地上部茎叶完全干枯后，于冻前割去老茎，重施一次腊肥，每亩用腐熟的有机肥 1 500 ~ 2 000 千克，有利防寒越冬和促进早春萌发。

二是浇水，菊花脑生长期间应经常浇水，保持田间湿润，尤其是夏季高温干旱季节，特别要注意供水，并且应选择在早晚天凉、地凉、水凉时进行浇水。水量要大，以利植株健康生长，保持茎叶鲜嫩，提高品质。

多雨季节，应注意防涝，切忌田间积水，造成烂根。

三是中耕除草，在植株封行前，田间的杂草要及时拔除。如土壤不板结，用手将杂草拔除即可；如土壤板结，则行中耕除草，中耕深度以 3 ~ 4 厘米为宜。实行多年生栽培的，可于冬前进行培土壅根，以利早春萌发，提早上市。

四是病虫害防治，菊花脑抗性极强，又有一种特殊的气味，所以病虫害很少发生，一般一年生栽培的可不进行病虫害防治。多年生栽培的老桩菊花脑偶有寄生植物菟丝子危害和蚜虫危害，注意及时防治。

④ 采收：露地栽培的，一般在 4—5 月开始采收，此时株高约 15 厘米。以后每隔 15 天可采收 1 次，直至 9—10 月现蕾开花，采收盛期在 7—9 月。初期用手摘取或用剪刀剪取，后期植株已长大，可用镰刀割取。采摘时注意留茬高度，保持足够的芽数，以保证后期产量。一般春季留茬高度在 3 ~ 5 厘米，可采摘 3 ~ 4 次，秋季留茬高度在 6 ~ 10 厘米。秋后采摘 2 次。根据南京市栖霞区八卦洲街道多年大面积栽培经验，菊花脑勤采摘并加强肥水管理，开花期可延后至 11 月份。一般每亩每次可采收 250

千克左右。

（2）地膜、小棚或大棚加地膜覆盖栽培 为了提早上市，调节市场蔬菜供应，可采用地膜覆盖、小棚覆盖或大棚加地膜覆盖等设施栽培方式。

12 月，清除菊花脑植株已枯死的地上部分，中耕松土，追肥浇水 1 次，适当培土壅根，12 月中旬随即覆盖地膜，将四周绷紧压实，防大风吹刮。也可直接架小拱棚覆盖，或大棚加地膜覆盖。大棚加地膜覆盖的，注意大棚内温度、湿度管理，棚内温度达 20 ℃时，通风排湿 1 次，促进植株健康生长。

地膜覆盖的，2 月下旬至 3 月上旬开始采收；小棚覆盖的，1 月下旬至 2 月上旬开始采收，正值春节期间供应市场；大棚加地膜覆盖的，1 月上旬开始，正值元旦期间供应市场。

地膜覆盖栽培的，采收后中耕松土 1 次，追施水溶肥 1 次，因此时天气还寒冷，仍需继续覆盖保温，促进生长。小棚覆盖的，采收后的管理同地膜覆盖栽培，3 月下旬至 4 月下旬期间，因气温升高，白天当小棚内气温达 25 ℃时，应揭开小棚薄膜通风降温，晚上仍需覆盖保温，4 月底拆除小棚。大棚加地膜覆盖栽培的，采收后的管理同地膜覆盖栽培。3 月下旬至 4 月下旬，当大棚内气温达 25 ℃时，应拉开大棚两侧通风口通风降温，4 月下旬应除去大棚围裙膜，并拉起两侧薄膜通风降温。

其他田间管理及采收方法，同露地栽培。

二十、荠菜

荠菜（图 20-1），又名野菜、护生草、地米菜等。为十字花科荠菜属中以嫩叶供食用的栽培种，属一二年生草本植物。原产中国，遍布世界温带地区。我国自古就有采集野生荠菜食用的习惯，19 世纪末至 20 世纪初，上海市郊区就开始人工栽培，至今已成为市场供应的主要绿叶类蔬菜之一。目前以长江中下游地区栽培最多。

图 20-1　荠菜

荠菜以嫩叶供食用，可炒食、也可做汤羹或菜馅，嫩叶鲜绿，清香甘甜，味极鲜美。荠菜营养价值高，每 100 克食用部分含蛋白质 5.3 克（为青花菜的 1.5 倍），胡萝卜素 3.2 毫克（比黄胡萝卜仅少 0.42 毫克），钙 420 毫克（为 140 种蔬菜中最高的）。中国传统医学认为，荠菜有利尿、止血、清热及明目之功效。

荠菜生长期短，为速生性绿叶类蔬菜，可以一次播种多次采收，能周年生产与供应，是一种很有发展前途的绿叶类蔬菜。

（一）类型和品种

1. 板叶荠菜

板叶荠菜又名大叶荠菜、粗叶头。叶片浅绿色，宽阔，长 10 厘米，宽 2.5 厘米，羽状深裂，基部叶片全缘。耐热性强，生长快，产量较高，商品性好，受市场欢迎，但抽薹开花较早，适宜秋播，不宜春播。

2. 花叶荠菜

花叶荠菜又名散叶荠菜、碎叶头。叶片绿色，窄而厚，长 8 厘米，宽 2 厘米，羽状全裂。生长较慢，产量较低，但品质优良，香气浓，味极鲜美。适合春、秋两季栽培，抽薹开花较板叶荠菜迟，能延长供应时间。

（二）特征特性

荠菜根白色，分布土层较浅。根出叶塌地簇生，浅绿色，叶披毛茸，羽状深裂或全裂。总状花序，顶生，花小，白色。短角果，扁平，倒三角形，内含多数种子。种子极小，金黄色，卵圆形，千粒重 0.09 克。

荠菜性喜冷凉湿润和晴朗的气候。生长适温为 12 ~ 20 ℃，一般播种后 30 天左右就开始采收。气温低于 10 ℃，生长缓慢，播后 45 天才能采收；气温在 22 ℃以上，生长也较缓慢，且品质较差。耐寒性强，在 −5 ℃低温下，植株不受冻害，可忍受

–7.5 ℃的短期低温。在 2 ~ 5 ℃低温下，10 ~ 20 天通过春化阶段而抽薹开花。在 12 小时光照下，气温 12 ℃左右，仍能抽薹开花。荠菜对土壤要求不严，但以肥沃湿润的壤土为好。

（三）栽培技术

1. 栽培方式与栽培季节

目前仍有采集野生荠菜和人工栽培荠菜两种生产方式，人工栽培有露地栽培和设施栽培。

荠菜不宜连作，轮作可以减少病虫害。荠菜植株矮小，生长期短，可与植株较高、生长期较长的其他蔬菜混播或套种，以经济有效地利用土地，增加单位面积产量和产值。

露地栽培，长江、黄淮地区，春、秋两季均可栽培，一般以秋季栽培为主。从 7 月下旬至 10 月都可陆续播种，9 月中旬至翌年 3 月下旬采收，但以 8 月份播种的产量高。过早播种，天气高温干旱，暴雨多，不易出苗，田间管理困难，成本高，风险大；过迟播种，幼苗只有 2 ~ 3 片真叶就遇寒冷，易受冻害。春播荠菜一般在 2 月下旬至 4 月下旬播种，4 月上旬至 6 月中旬采收。

近年来，很多菜区为了延长荠菜的供应期，采取分期播种，分批采收，在高温多暴雨季节采用防雨、遮阳降温栽培；冬季严寒季节利用日光温室、塑料大棚、小棚覆盖等保温设施栽培，除 7—8 月供应量很少外，基本上可达到周年供应。

2. 整地做畦

选择前作为茄果类、瓜类、豆类蔬菜的地块，经耕翻晒垡后施基肥，每亩施腐熟有机肥 1 500 ~ 2 000 千克，再耕耙一次，做成2米宽的深沟高畦（华北地区作平畦或低畦），精细整地，畦面土壤要整得细、平、软，土粒切勿过粗，以防种子漏入深处，不易出苗。

3. 播种

荠菜可春播、夏播、早秋播和晚秋播，亩播种量为1.0 ~ 1.5千克，春播用种量少，为0.75千克。春播于2月下旬至4月下旬播种，4月上旬至6月上旬采收；夏播于7月下旬播种，宜选用板叶荠菜品种。高温下播种，必须在播种前进行催芽，以打破种子休眠。催芽方法有两种：一是泥土层积法，即在种子成熟采收后，将种子放在花盆内，其上封土，置于阴凉处，于7月下旬取出播种。因这时气温高，多暴雨，宜采用防雨遮阳栽培，播后3 ~ 5天可出苗。二是低温催芽处理，方法同秋莴笋。播后4 ~ 5天出苗。早秋播于8月上中旬播种，宜选用板叶荠菜品种。因这时气温仍高，播种前亦需进行催芽，以打破种子休眠。催芽方法同上。晚秋播于9月下旬至10月上旬播种，前期宜选用板叶荠菜，后期宜选用散叶荠菜品种。11月上旬至翌年2月分批采收上市。

荠菜种子极小，播种时应将种子与3倍细土拌匀后播种，播后用踏板镇压，然后浇水，以利出苗。

4. 浇水

早秋播种的荠菜，其产量高低、上市早晚，主要取决于浇水是否细致和及时。出苗前后要不间断地浇水，最好用喷雾器直接喷在遮阳网上，防止土壤板结，否则不利出苗或嫩小幼苗易被冲淹。出苗前每天早晨和傍晚趁天凉、地凉、水凉时各浇水1次。

出苗后也要保持每天浇1次水，小水勤浇，保持土壤湿润，降低土温，以利幼苗生长。即使遇到雷阵雨，雨后天晴也要浇水，以降低土温，减少死苗。秋播荠菜浇水也要注意不能一次浇透，只宜轻浇、勤浇。冬前应适当控水，防止徒长，以利荠菜安全越冬。

5. 追肥

秋播的荠菜，播后约3～4天出苗，春播的荠菜，播后需6～15天出苗。当幼苗具2片真叶时，进行第一次追肥，可使用水溶肥或三元复合肥，第二次追肥在采收前7～10天进行。以后每采收1次，追肥1次，浓度适当提高。春播荠菜的追肥方法同秋播，因生长期短，追肥次数和用量相对减少。

6. 除草

荠菜植株幼小，又是撒播，杂草和荠菜混杂生长，除草困难，费工也多。因此除选择杂草较少的土地种植荠菜外，还应结合每次采收拔除杂草。

7. 病虫害防治

霜霉病和蚜虫是荠菜的主要病虫害。霜霉病要采取综合防治方法，蚜虫可用10%吡虫啉3 000倍液喷雾防治，连续防治2～3次。

8. 覆盖

晚秋播种的荠菜，为了提高产量，可于11月用小棚覆盖，并注意加强揭盖管理，防止徒长。

9. 采收

荠菜是分次采收的，一般用2～5厘米宽的小斜刀挑采荠菜，因植株小，采收比较费工。要采收大的留小的，注意采留植株要均匀，出苗稀的地方就是大株也应保留，出苗密的地方，即使是小株也要挑收。

早秋播种的荠菜，在具 10 ~ 13 片真叶时就可采收，约在 9 月上旬伏天缺菜期间供应市场，经济效益较高。从播种到开始采收为 30 ~ 35 天，以后可分批采收 4 ~ 5 次，直到翌年 3 月下旬采收结束。每亩每次可采收 500 千克左右，亩总产量可达 2 500 ~ 3 000 千克。

晚秋（10 月上旬）播种的荠菜，随着气温降低，生长变缓慢，播种到开始采收需 45 ~ 60 天，以后还可采收 2 次，亩总产量为 1 500 ~ 2 000 千克。

2 月下旬播种的春荠菜，由于气温低，要到 4 月上旬采收；而 4 月下旬播种的，播后气温较高，5 月下旬即可采收。春播荠菜一般只能采收 1 ~ 2 次，亩总产量在 1 000 千克左右。

二十一、菜苜蓿

菜苜蓿（图 21−1），又名草头、金花菜、黄花苜蓿、南苜蓿、刺苜蓿，南京人称苜鸡头。为豆科苜蓿属一二年生草本植物。原产印度。我国栽培历史悠久，长江流域一带栽培较多，江苏的南京、镇江、常州、无锡、苏州、常熟及上海市、浙江省等地均有较大面积的栽培，陕西、甘肃也有栽培。

图 21−1　菜苜蓿

菜苜蓿以嫩株或嫩梢供食用，以炒食为主，还可腌渍，味道鲜美。其营养丰富，每 100 克食用部分含蛋白质 4.2 克，钙 168 毫克，磷 68 毫克，铁 4.8 毫克（为菠菜的 2.6 倍多），胡萝卜素 3.48 毫克（比黄胡萝卜仅少 0.14 毫克），核黄素 0.22 毫克，在蔬菜中名列前茅，为营养价值很高的绿叶类蔬菜之一。它还含有植物皂素，能与人体胆固醇结合，促进排泄，从而降低胆固醇含量，对防治冠心病有功效。菜苜蓿品质鲜嫩，供应期又长，深受群众喜爱。

（一）类型和品种

菜苜蓿在上海、江苏、浙江一带栽培较多，虽地区不同，但品种间差异不大。

江苏有常熟种，上海有崇明种，江南大部分地区栽培以上两个类型品种。其植株匍匐生长，株高 8 ~ 12 厘米，开展度 10 ~ 12 厘米，分枝性强。小叶倒三角形，顶端略凹入，叶长、宽皆为 1 厘米，绿色，叶柄细长，浅绿色。

（二）特征特性

菜苜蓿为浅根系。三出复叶，小叶倒卵形，叶顶稍凹，叶缘上部锯齿状，叶面浓绿色，叶背略带白色，托叶细裂。花梗短，从叶腋中抽生，着生黄色小花 3 ~ 5 朵，蝶形花冠。花谢后结螺旋形荚果，有突起的毛状钩刺。荚内有 3 ~ 5 粒肾形种子，黄色，千粒重 2.83 克。

菜苜蓿喜冷凉气候，耐寒性较强，能露地越冬。生长适温为 12 ~ 17 ℃，在 17 ℃以上和 10 ℃以下植株生长缓慢，在– 5 ℃的短期低温下，叶片受冻，待气温回升后，植株又可萌芽生长。

菜苜蓿对土壤适应性较强，但以富含有机质、保水保肥力强的黏土或冲积土最好，适应中性土壤，也较耐酸性土壤。

（三）栽培技术

1. 栽培方式与栽培季节

目前菜苜蓿露地栽培较多（图 21–2），南方各地菜苜蓿常和绿肥栽培相结合。

春、夏、秋三季均可栽培，通常以秋季栽培为多。秋菜苜蓿栽培时间较长，供应期也长。长江流域地区，从8月中旬至9月下旬均可分期播种，于9月中旬至翌年3月下旬陆续采收；夏播的于7月上旬至8月上旬播种，因气温高不易出苗，须浸种催芽后播种，8月上旬至9月上旬采收；春菜苜蓿在2月下旬至6月上旬陆续播种，4月上旬至7月下旬采收。

图21-2 菜苜蓿田间

2. 整地施基肥

菜苜蓿为浅根蔬菜，通常耕深为15 ~ 18厘米，播种前耕翻晒垡或冻垡，亩施腐熟有机肥2 000千克作基肥，做成宽2米的深沟高畦，以利排水，整细耙平后即可播种。

3. 播种

播种用的种子均用带壳的螺旋状荚果，因荚果中瘪籽和坏籽较多，播前要用55 ~ 60 ℃温水浸种5分钟，淘去水面上的浮籽，以利播种后出苗整齐，再浸种8小时后播种。多用撒播法，播后用6齿耙耧平畦面，用踏板镇压，浇透水，以利出苗。

由于早秋和晚春播种时，气温较高，土壤干旱，出苗率低，因此播种量要多，亩用种量为40～50千克；晚秋和早春播种，亩用种量为15千克左右。

为了克服早秋和晚春播种出苗迟和出苗率低的问题，在播种前通常采用浸种催芽方法。将已选好的种子，放入麻袋内，于夜间浸于井水或河水中10小时，然后将种子取出，摊放在阴凉处2～3天，每隔3～4小时用喷壶浇凉水1次，然后播种。

4. 水肥管理

菜苜蓿播种后，应每天早晚各浇水1次，保持土壤有足够的湿度，促进早出苗。特别是早秋和晚春播种的，出苗前要经常浇水，保持土壤湿润，降低土温，4～5天出苗。出苗后每天仍需浇水1次，6～7天后停止浇水。当菜苜蓿幼苗具有2片真叶时，追肥1次。以后每收割1次，在收割后2天，追施水溶肥1次。若采收后立即追肥，植株容易腐烂。

5. 病虫害防治

菜苜蓿主要有病毒病、蚜虫和小地老虎危害。病毒病发生在7—9月，叶小而略皱缩，生长差，但9月以后，气候较凉，该病逐渐消失。蚜虫在春季4—5月发生，秋季10—11月危害最为严重，可用10%吡虫啉3 000倍液或蚜虱净3 000倍液等农药喷雾防治。凡种植菜苜蓿的田地，小地老虎发生最多，因菜苜蓿苗多，分枝多，虽受害较大，通常不加以防治。

6. 采收

早秋播种的菜苜蓿，播后约25天即可开始收割采收，可分批采收 4 次，亩产量在 1 000 千克左右；晚秋播种的只采收 3 次，亩产量为 1 750 ~ 2 000 千克；早春播种的，在 4 月中旬至 5 月下旬采收，采收 3 次，亩产量为 1 250 ~ 1 500 千克；晚春播种的，在 7 月初至 7 月下旬采收，采收 2 次，亩产量为 750 ~ 1 000 千克（表 21–1）。

表 21–1　菜苜蓿分期播种和周年供应表

品种	播种期	播种量 /（千克 / 亩）	采收期	产量 /（千克 / 亩）
崇明种 常熟种	2 月上旬至 3 月上旬	15.0	4—5 月	1 250 ~ 1 500
常熟种	4 月上旬至 6 月上旬	12.5	5—7 月	750 ~ 1 000
常熟种	7 月上旬至 8 月上旬	35.0	8—9 月	1 000 ~ 1 250
常熟种	8 月上旬至 9 月下旬	15.0	9 月至翌年 4 月	1 750 ~ 2 000

收割时要注意使茎叶留得短而整齐，特别是第一次收割，一定要掌握“低”和“平”的原则，利于以后采收，而且可以提高产量。

二十二、马兰

马兰（图 22-1），又名马兰头、鸡儿肠、路边菊、泥鳅菜、蓑衣莲等。为菊科马兰属中以嫩叶供食用的野生种，属多年生草本植物。原产亚洲南部和东部。我国大部分地区均有分布，长江流域分布较广，尤以安徽、江苏、浙江等地，采集野生马兰极为普遍。

图 22-1　马兰

马兰以嫩茎叶供食用，可凉拌、炒食、做汤或作馅等，色绿清香，风味独特。富含人体各种必需的营养物质，其中蛋白质、钙、磷、钾含量比较高，还含多种维生素。马兰全株可入药，有消食积，除湿热，利尿，退热止咳，解毒等功效，可治外感风热、肝炎、消化不良、中耳炎等疾病。马兰是城乡群众非常喜爱的一种野生绿叶类蔬菜。

随着人民生活质量的提高，对纯天然野生蔬菜的需求量不断增加，市场处于供不应求的状态。春、秋季市场上野生马兰的上市量仅次于荠菜，马兰是很有开发价值的一种生食野生蔬菜。

（一）特征特性

马兰主根圆锥形，有较多的侧根。茎直立，细长，株高 30 ~ 70 厘米。叶片披针形，绿色，互生，全缘，两面近乎光滑或少有短毛，无叶柄。花期在 7—8 月，头状花序，小花有舌状花和筒状花两种，略带紫色。果期在 8—9 月，瘦果，倒卵状矩圆形，极扁，果皮褐色，果端着生冠毛，可随风飘扬。

马兰喜冷凉湿润的气候，晴朗、日照充足的天气生长良好。种子发芽适温为 20 ~ 25 ℃，植株在 15 ~ 22 ℃时生长迅速，一般出苗后 30 ~ 40 天，幼苗就可采摘。气温低于 15 ℃生长缓慢，气温高也不适宜马兰生长，且纤维多，品质差。马兰耐寒性较强，–7 ~ –5 ℃亦不致冻死，地下部的根状茎可安全越冬。

马兰多生于田埂、沟边、路旁、田间湿地、草丛、溪岸及房前屋后，对土壤要求不严格。

马兰有青梗和红梗两种类型，均可食用，药用以红梗为佳。

（二）繁殖方法

马兰可用种子繁殖和老株繁殖。

1. 种子繁殖

一般于春季播种，在 2 月下旬至 3 月上旬进行。春季气温低，播种量应适当增加。播种方法都为撒播。因种子极细小，为力求播得均匀，可与3倍的干细土拌匀后撒播。播后用踏板镇压，覆盖地膜，增温保湿，有利早出苗，出苗后揭去地膜。以后根据天气情况与植株生长情况，加强肥水管理。

2. 老株繁殖

于5月份选生长健壮的老植株，连根挖起，按每穴5～6株，以20厘米见方的穴距定植。浇水保证活棵。活棵后的管理同种子繁殖。

（三）采收

通常2月下旬播种的，要到4月上旬才能进行第一次采收。但野生的马兰，2月下旬或3月初就可采收。一般用手摘，也可用剪刀或小铲挑取。采收时，要选大留小，出苗密的地方，即使较小的植株也要采收，以让其他植株发棵，利于均匀生长。采摘时，如茎白、叶绿则表明马兰幼嫩、质量好；如茎已发红，叶已转黄绿色，表明马兰已开始转老、品质差，不宜采收。一般可采收2～3次。每次采收后宜追肥1次，以促进马兰抽发萌生新枝。

秋季气温下降后，在10—11月也可采收1次，但其品质不如春季的好。马兰人工栽培的尚少。

二十三、紫背天葵

紫背天葵（图 23-1），又名紫背菜、红凤菜、血皮菜、观音苋、观音菜、两色三七草、叶下红、红玉菜等。为菊科三七草属中以嫩茎叶作菜用的半栽培种，属多年生宿根性常绿草本植物。原产中国南部地区。广东、广西、福建、云南、四川、台湾、浙江等地栽培较多。

图 23-1　紫背天葵

紫背天葵以嫩梢和幼叶供凉拌、拼盘装饰、清炒，或与菇类素炒及与肉类荤炒，也可糖醋渍等，风味都别具一格，质地柔软嫩滑，具有菊科植物类似茼蒿菜的香味，脆嫩可口，在一般蔬菜中是少有的。

紫背天葵除有一般蔬菜之营养成分外，还富含黄酮苷和钾、镁、铜、锌、锰、钼等元素。特别值得指出的是紫背天葵中的黄酮苷成分，可以延长维生素C的作用而减少血管紫癜，能够提高动物抗寄生虫和抗病毒病的能力，并对恶性生长细胞具有中度抵抗功效。紫背天葵有治咯血、血崩、血气亏、支气管炎、盆腔炎、中暑、阿米巴痢疾和外用创伤止血等功效。

紫背天葵生长健壮，栽培容易，生长与供应期长，值得列入消费者日常食用菜谱。紫背天葵可作为保健无公害蔬菜并可进一步提升为自然、新鲜、无污染、富营养、高品质、安全健康的有机蔬菜，有很好的发展前途。

（一）特征特性

紫背天葵植株生长势及分枝性均较强，全株肉质。根粗壮。茎直立，绿色，节部紫红色，先端嫩茎叶为采食部分。叶卵圆形至宽披针形，长6 ~ 10厘米，宽3 ~ 5厘米，叶面绿色略带紫色，叶背紫红色，表面蜡质，有光泽，叶互生，叶缘锯齿状。少见开花，深秋开花，花序梗耸立叶丛顶部，头状花序，花黄色，均为筒状两性花。瘦果。很少结籽，种子呈矩圆形。

紫背天葵抗逆性强，耐阴、耐热、耐旱、耐瘠薄，但不耐霜冻。栽培上多在背阳地边或家前屋后空地上随意种植，但在日照条件好的成块土地上种植，生长更好。炎夏烈日高温时虽也能正常生长，但生长较缓慢。

（二）栽培技术

1. 育苗

（1）扦插育苗 栽培紫背天葵常用扦插繁殖，插条生长迅速，可以早采收。扦插繁殖以春、秋两季为主。选取生长充实的枝条节段，每段取 2 个节剪断，带叶扦插于事先整好的苗床上，或用沙床扦插。经常浇水，保持床土湿润。也可扦插在水槽中。经 10 天左右发根，发根后即可定植大田。无霜冻的地方，周年可以繁殖。也可用枝条节段直接扦插于地里。具体做法如下：

选择强健枝条，用刀斜向切下，以作插枝，用锄头开穴，春季行距为 30 ~ 35 厘米，穴距（株距）为 25 厘米；秋季行株距为 20 厘米 ×15 厘米。穴底施基肥少许，盖土 5 厘米，将插枝扦插于穴内，插深 4 ~ 5 厘米，用土培壅根部，浇透水。

（2）分根育苗 早春发芽前，将地下宿根挖起，选取粗壮根茎，每 2 节剪成 1 段，播种在事先整好的苗床上，覆土厚 3 厘米，经常用喷壶浇水，待新发的幼苗长至 10 ~ 15 厘米高时，即可定植大田。

也可直接将剪好的根茎节段栽入大田中。行株距同直接扦插繁殖的。此法适用于少量零星种植。

（3）播种育苗 于 2 月上旬，选避风向阳、肥沃、排水良好的地块做苗床，耕细耙平，施腐熟厩肥，上覆细土一层，按 10 ~ 15 厘米行距，开 1.0 ~ 1.5 厘米深的浅沟，条播种子于沟中，覆土、浇水，保持床土湿润。8 ~ 10 天出苗，出苗后及时间苗，苗距 10 厘米留 1 株苗，待苗高 15 厘米时，即可定植大田。

直播法的行株距同直接扦插繁殖的。每穴播种子 8 ~ 10 粒，覆土1厘米，浇水保湿，出苗后及时间苗，此法适用于少量零星种植。

2. 定植

紫背天葵成片种植时，选择好土地，施腐熟堆肥、厩肥作基肥，亩施1 500 ~ 2 000千克，及时耕翻，整地做畦。畦宽1.2 ~ 1.4米，然后按行株距（30 ~ 35）厘米 ×25厘米开好定植穴，将发根的扦插苗、分根苗或播种苗定植于穴中，1穴植双苗，也可植单苗。

3. 田间管理

（1）浇水 紫背天葵秧苗定植后，浇透、浇匀定根水，以后每天浇水1次，直至活棵。紫背天葵虽耐旱性较强，但充足的水分供应有利于茎叶生长，提高产量，提升品质。因此在生产过程中应保持土壤湿润。

（2）管理 夏季高温时用遮阳网覆盖降温，冬季南京地区采用大棚加小棚加地膜加草帘覆盖，使植株地上部分安全越冬，不枯死。棚内要控制湿度。

（3）追肥 除施基肥外，还需分期追肥。在秧苗活棵后、每次采收后、越冬前、早春萌发前均需追肥1次，每亩可用尿素10千克兑水后浇施。

（4）中耕除草 紫背天葵一次种植可多年采收，所以要勤中耕除草，以减少养分消耗，起到保墒作用。中耕和浇水结合。

（5）盖草防冻 霜降后（10月下旬），寒冷地区紫背天葵地上部分枯萎，须覆盖稻草或用小棚覆盖，保护地下根部安全越冬，翌春又发芽生长。

4. 采收

紫背天葵的嫩梢和嫩叶一年四季均可采收，冬季气温低、夏季气温高生长缓慢，1 个月左右采收 1 次，春、秋两季，在适宜的气温下生长迅速，可半月采收 1 次。

采收时，摘取先端具 5 ～ 6 片真叶的嫩梢，基部留 2 个节，以使继续萌发出新梢，供下次采收。采摘的嫩梢趁鲜上市销售或食用。

二十四、马齿苋

马齿苋（图 24–1），又名长命菜、马苋菜、酱板草、蚂蚁菜、安乐菜、酸米菜、瓜子菜、五行草、马蛇子菜、马子菜、猪母草等。为马齿苋科马齿苋属一年生肉质草本植物，在热带为多年生。原产于印度，后传播到世界各地。在中国和中东地区还是野生类型，常见于田间、地边、路旁、荒地、庭园，特别是菜地里较多。在欧洲早有栽培类型。近年来，荷兰已育成作为蔬菜的马齿苋优良品种，被我国台湾农友种苗公司引进，作为普遍栽培的茎叶菜。

图 24–1　马齿苋

如今，作为野菜的马齿苋，越来越受到人们的青睐，有天然抗生素的美称。马齿苋以嫩株供食用，可汤食、炒食、腌渍、烫后晒干与肉同烧，或烫后凉拌、作馅等，稍带酸味，风味独特。其营养价值和药用价值较高，每 100 克鲜嫩茎叶含蛋白质 2.3 克，脂肪 0.5 克，糖类 3 克，粗纤维 0.7

克，含有大量维生素 C，比橘子汁还丰富，并含有维生素 A、维生素 D、维生素 B1、维生素 B2 和胡萝卜素等，矿物质含量也很丰富，每 100 克茎叶含钙 85 毫克，磷 56 毫克，铁 1.5 毫克，还有钾、镁等。同时它还含有去甲肾上腺素、多巴明生物碱、黄酮、强心苷及蒽醌类物质，可用于治疗肠炎、痢疾、阑尾炎、乳腺炎、腮腺炎、百日咳、肺脓肿、尿道感染、疮疡肿毒、出血过多等疾病。外用可治疗丹毒、毒蛇咬伤等。除人用外，还可作为兽药、制土农药防治蚜虫及小麦锈病。

马齿苋是一种栽培容易、具有较高的营养和保健价值的、可不打农药和不施化肥的、无污染的有机野生蔬菜，具有广阔的开发前景。

（一）类型和品种

以嫩茎叶供食用的马齿苋可分为两个类型。

一为马齿苋属中的野生种，春季及初夏在田间、路旁、原野、菜园等地采集嫩茎叶供食用，亦可全株采收，烫过后晒干，冬季用作包子、饺子的馅料，美味可口，食之不厌。

二为马齿苋属中的栽培种，近年来，台湾省引进推广的荷兰马齿苋优良品种就属此类型。

（二）特征特性

马齿苋为须根系，根生长较浅。茎直立，斜生或平卧，由茎基部分枝；枝圆柱状，黄绿色，光滑，向阳面褐红色。叶互生或近对生，倒卵形或匙形，叶中脉稍突起，叶柄极短，全株肉质多汁。两性花，3 ~ 5 朵簇生于枝顶叶腋，花瓣 5 片，黄色，午时盛开。蒴果，圆锥形，成熟后顶端自然开盖，散出多粒种子。种子细小，直径不及 1 毫米，肾状卵形而扁，黑褐色有光泽，表面有小瘤状突起，千粒重约 0.48 克。通常 6—8 月开花，7—10 月结果。发芽率能保持 3 ~ 4 年之久，如果将种子贮藏于干燥、密闭的低温处，种子寿命可达 40 年。

马齿苋性喜高温高湿，耐旱耐涝，耐阴、耐光照，喜肥水，具向阳性，适应性强。发芽温度为 20 ℃以上，生长最适温度为 25 ~ 30 ℃。随着温度的升高，生长发育加快，遇连阴雨天易徒长，光照太强易老化。在空气较干燥、土壤湿润的环境中生长旺盛。马齿苋属 C4 型植物，生长强健，无病虫害。对土壤要求不严格，但为了生产品质，宜选择保水力良好的沙质壤土栽培，肥料以氮素为主。

（三）栽培技术

1. 栽培方式与栽培季节

目前，在我国多以春、夏季到田野采集马齿苋野生种之茎叶供食用为主，有些发达国家已逐步转向以人工栽培为主，我国台湾正大力推广人工栽培（图 24–2）。

栽培季节，亚热带地区如我国的台湾南部、广东、海南等地，2 月下旬开始播种，可陆续采收到 11 月；江苏、浙江、安徽一带，春季于 4 月中下旬播种，如用设施栽培，可提前到 3 月播种，

6—8 月为生长旺期；华北地区，露地栽培的于 6 月上中旬播种。

各个地区若气温超过 15 ℃以上，可随时播种，分期播种，分批上市。

图 24-2　马齿苋田间

2. 繁殖方法与管理

马齿苋可用种子繁殖、分根繁殖和压条繁殖。

（1）种子繁殖　在气温 15 ℃以上时播种，播种前要整地施肥，每亩施腐熟堆肥、厩肥 2 000 千克，耕翻入土。马齿苋种子细小，故要精细整地，打碎土块，畦面达到平、松、细的要求，做 1–2 米宽的平畦，保持畦面湿润，准备播种。播种前将种子与 5 倍的细沙混匀后撒播，播后盖 1 厘米厚的细潮土。早春为防寒流，播后应覆盖地膜增温保湿，2 ~ 4 天即可出苗，出苗后揭去地膜。在夏季播种，出苗初期应扣遮阳网。

出苗 10 天后进行间苗，结合清除杂草，苗距保持 5 厘米左右。随后可浇水追肥，每亩可用0.3%~0.5%尿素溶液浇施。出苗20天、苗高15厘米时，开始间拔幼苗供食用，并使株距保持在9 ~ 10厘米，让苗继续生长，直到正式采收。

（2）分根繁殖 须采集种根，即将马齿苋成株连根挖起，从基部有分叉处将根掰开，使每个分株带有须根和侧根，即可定植于畦中，保持行株距10厘米。栽后覆土，稍压实后再浇水，经3 ~ 5天即能缓苗，缓苗后进行追肥1次。

（3）压条繁殖 可在植株四周将较长的茎枝压倒在畦面上，每隔3节用潮土压1个茎节，使其在土里生根。被压土的茎节生根后，将茎枝与母株分开，形成1棵新的独立个体，即可作种苗栽植。

马齿苋生长期间，根据其生育情况进行追肥，一般应施用腐熟的人畜粪尿，不使用化学肥料，浓度开始时要稀些，以后可适当提高。马齿苋抗性强，一般不发生病虫害，因此也没有农药污染。

3. 采收

马齿苋播种或定植后1个月左右，植株充分长大，茎叶粗大、肥厚，幼嫩多汁，还未现蕾开花时即可采收。采收时要注意在根头部留2 ~ 3节处割取，留下节位的腋芽继续生长，以可陆续采收，直至霜冻。每年6月，马齿苋便开始现蕾开花，为了保持其产量和质量，应把顶端现蕾部分摘除，促其长出新的分枝。一般单株产量可达35 ~ 40克。

二十五、芝麻菜

芝麻菜（图 25−1）又称臭菜、东北臭菜、芸薹，是十字花科芝麻菜属一年生草本植物，高 20 ~ 90 厘米。栽培或生长于海拔 3 100 米以下的向阳斜坡、草地、路边、麦田中、水沟边。分布于中国东北、华北、西北以及江苏、四川，云南等地。欧洲北部、亚洲西部及北部、非洲西北部均有分布。

图 25−1　芝麻菜

中国民间部分地区素有食用芝麻菜的习惯。一般于春季采摘其嫩苗食用。食时，将其洗净，入沸水中焯几分钟，再用清水浸泡，挤去水后可凉拌，可煮汤，亦可热炒，均色泽悦目，清香味美。嫩茎叶含有多种维生素、矿物质等营养成分。其种子含油量达 30%，既可食用，又可药用。芝麻菜的种子油有缓和、利尿等功用。可降肺气，治久咳、尿频等症。

（一）特征特性

芝麻菜为一年生草本植物，茎直立，上部常分枝，疏生硬长毛或近无毛。基生叶及下部叶大头羽状分裂或不裂，长 4 ~ 7 厘米，宽 2 ~ 3 厘米，顶裂片近圆形或短卵形，有细齿，侧裂片卵形或三角状卵形，全缘，仅背面叶脉上疏生柔毛，叶柄长 2 ~ 4 厘米；上部叶无柄，具 1 ~ 3 对裂片，顶裂片卵形，侧裂片长圆形。花黄色，有紫褐色脉纹，直径为 1.0 ~ 1.5 厘米。长角果圆柱形，长 2 ~ 3 厘米，喙短而宽扁，果梗长 2 ~ 4 毫米。角果内种子两行，种子近球形或卵形，直径为 1.5 ~ 2.5 毫米，淡褐色。

（二）栽培技术

1. 栽培方式与栽培季节

芝麻菜可露地栽培、水培或生产芽菜等，我国南方适宜在秋后至春季栽培，在冷凉地区周年可分期、分批播种，实现周年供应。在南方夏季需搭建降温防雨棚，以防止烈日暴晒及暴雨冲刷。

2. 播种

芝麻菜生长迅速，以直播为宜，但宜选择肥沃、疏松、排灌水方便的土壤进行种植。播种前施足基肥，并辅以速效肥，亩施腐熟粪肥 1 000 ~ 1 500 千克，耙细，起垄做畦。播种时可撒播或条播，条播按行距 8 ~ 12 厘米开浅沟播种，一般亩用种量为 250 ~ 300 克。播种后宜盖黑色遮阳网或其他覆盖物，并浇透水，3 天后应及时揭开遮阳网等覆盖物。一般 4 ~ 5 天即可齐苗。采收小苗上市的，以直播为主；采收菜薹的，以育苗移植为主，移植株行距为 20 厘米 ×30 厘米。

3. 田间管理

芝麻菜小苗具 3 ～ 4 片叶时可结合幼株采收间苗和定苗，拔去弱苗、劣苗，并清除田间杂草。间苗完成后视植株生长势追肥，追肥以尿素或复合肥等速效肥为主，每隔 7 天追肥 1 次。在采收前 5 ～ 7 天不宜再追施粪肥水，以免影响品质。芝麻菜对水分需求较高，在生长期应尽量维持土壤湿润，除雨天外，均需要喷水，以保持叶片柔嫩，降低其浓烈的辛辣味和苦味。

4. 病虫害防治

芝麻菜抗性极强，在秋后至春季栽培病虫害极少。一般常见黄曲条跳甲、小菜蛾危害叶片，可在田间悬挂黄板诱杀，一般每亩设置 20 ～ 30 块，隔一个星期左右更换 1 次。药剂防治选用阿维菌素、氯虫·噻虫嗪、高效氯氟氰菊酯、苦参碱等，在早上成虫刚出土或下午 5—6 点用药防治，若在成虫潜伏或活跃期间喷农药，防效较差。在高温多雨的夏季栽培较易出现叶斑病，可选用多菌灵可湿性粉剂喷施防治。

5. 采收

芝麻菜生长迅速，及时采收是丰产优质的关键。芝麻菜可采收外叶、菜薹或拔除整株。播后 35 天左右即可采收小苗上市，一般亩产为 1 000 ～ 1 500 千克。产品可分批、分阶段上市，去除老叶、病叶、残叶，切除根部，清洗，包装好即可上市。作菜薹采收的一般在移植或定苗后 45 天开始采收，亩产达 1 500 千克。

二十六、茴香

茴香，为伞形科植物，原产意大利南部。茴香菜原名小怀香，又称香丝菜、小茴香、茴香子、谷香（四川、贵州）、浑香，在我国，主产于中国西北、内蒙古、山西、陕西和东北等地。另外，湖北、广西、四川等地亦有生产。中国出口的小茴香，以内蒙古、山西和甘肃产为主。茴香茎部嫩叶可作菜蔬，果实（小茴香）作香料用，亦供药用，根、叶、全草均可入药。

茴香菜含有丰富的维生素 B1、维生素 B2、维生素 C、维生素 PP、胡萝卜素以及纤维素，使它具有特殊香辛气味的是茴香油，可以刺激胃肠的神经血管，具有健胃理气的功效，所以它是搭配肉食和油脂的绝佳蔬菜。茴香味辛，性温，熟食或泡酒饮服，可行气、散寒、止痛。茴香苗叶生捣取汁饮或外敷，可治恶毒痈肿。

（一）类型和品种

茴香分为普通茴香（图 26–1）和结球茴香（图 26–2）。结球茴香以叶柄基部形成的叶球供食用，具有独特的芳香和甜味，故又名甜茴香。主要作为肉食菜肴的调料。茴香营养丰富，茎叶中还含有 90 毫克 / 千克的茴香脑（$C_{10}H_{12}O$），有健胃、祛风邪之功效。生产上目前均从国外直接引进种子，进行繁殖栽培，自行选株留种。国内尚未见有专门的品种育成。

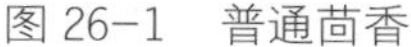
图 26-1　普通茴香

图 26-2　结球茴香

（二）特征特性

茴香为多年生草本植物，高 40 ~ 200 厘米，全株表面有粉霜，无毛，具强烈香气。茎直立，光滑，灰绿色或苍白色，有分枝。三至四回羽状复叶，最终小叶片线形，长 4 ~ 40 毫米，宽约 0.5 毫米；叶柄长约 14 厘米，基部成鞘状抱茎。复伞形花序顶生；总花梗长 4 ~ 25 厘米，总苞和小苞片均缺；伞辐 8 ~ 20 个，不等长；花小，黄色；无萼齿；花瓣 45 枚，宽卵形，上部向内卷曲，微凹；雄蕊 5 枚，长于花瓣；子房下位，2 室，花柱 2 个。双悬果长圆形，有 5 条隆起的棱，花期在 6—7 月，果期在 9—10 月。

小茴香为长日照、半耐寒、喜冷凉的双子叶春性作物，较耐旱但不耐涝。出苗后生育期为 65 ~ 85 天。生育进程快，出苗 35 ~ 45 天进入始花期，花期在 5 月上中旬，果期在 5 月下旬至 6 月上中旬，收获期在 6 月中旬。常规株高 30 ~ 55 厘米，茎秆呈假二杈分枝。叶互生，叶片三出式全裂叶，有狭披针形叶鞘。伞形花序直径为 1 ~ 2 厘米，白色或蓝白色，有 5 ~ 7 朵单花，双悬果呈长圆卵形，长 5 ~ 8 毫米，宽 2 ~ 3 毫米，内含两粒略带黄色的种子。

（三）栽培技术

1. 栽培方式与栽培季节

一般多露地栽培，以夏播秋冬采收为主要的栽培方式和栽培季节。

北方寒冷地区也可春播夏收，南方温暖地区可秋播冬春采收。亦可采用设施栽培，实现春提前、秋延后上市，延长供应期。主要栽培季节如下：

（1）夏播秋冬收 平均气温在 14 ℃左右的地区，可在 7 月中下旬露地遮阳网覆盖育苗，8 月下旬至 9 月上旬定植，11—12 月采收叶球上市。北方夏凉地区，可提前到 6 月播种，10—11 月采收上市。

（2）冬播夏收 南方可在 1—2 月采用设施育苗，2—3 月露地定植，5—6 月采收上市，这一茬生长快，结球茴香叶球纤维多，且易抽薹，要加强田间管理。

2. 防止早期抽薹的措施

长日照高温极易促进茴香抽薹，所以，春季 4—5 月播种的极易发生未熟抽薹现象。为了扩大茴香安全播种范围，实现周年供应，可采用遮光短日照处理。夏播的可提前到 6 月播种，当幼苗具 4 片真叶时，用黑色遮阳网，在下午 4—5 时以后覆盖遮阳。

对于秋冬季育苗的，可在苗期至定植后处理 50 天左右，真叶长到 12 片以前处理，可有效防止先期抽薹。

3. 育苗

夏季，选择阴凉、排灌方便、富含有机质的场所作育苗床，每亩大田用种量为 170 ~ 200 克。播种后贴地覆盖遮阳网，浇水时直接浇在遮阳网上，防止对种子和土壤的冲刷，以利出苗。出苗后将遮阳网架成拱形棚覆盖育苗，及时间苗，注意水、肥管理。幼苗具 1 ~ 2 片真叶时，移植到营养钵中培育壮苗，仍需采用遮阳网覆盖，防高温暴雨。近年来多行穴盘育苗，选 128 孔的穴盘 1 次成苗，不但苗的质量好，且省工、省力。

4. 定植

夏、秋季可以直播，畦宽（连沟）1.5 米，种 2 行，株距为 20 ~ 25 厘米，每穴播种子 7 ~ 8 粒。分次间苗，最后定苗留 1 株，每亩用种量为 1 千克左右。直播较移栽的生长快，采收早。但各地区仍多数行育苗移栽。通常秧苗长到 5 ~ 6 片真叶时即可定植，株距为 20 ~ 25 厘米。秋、冬季温室、大棚栽培，在弱光条件下，切忌栽植过密，否则品质下降。

5. 肥水管理

基肥按每亩施腐熟有机肥 2 000 ~ 3 000 千克，结合耕翻整地翻入土中。追肥分别在定植后 20 天和 40 天各施 1 次，用水溶性肥料浇施。同化叶生长期如遇持续干旱天气，要灌水，叶柄膨大期需水量大，但后期要适当干燥。秋季露地栽培结球茴香的，叶球成熟时已进入冬季，应用无纺布覆盖防冻。冬季设施栽培的，白天温度保持 20 ℃，夜间温度保持 10 ℃，最适于结球茴香的生长。因此要注意通风口的启闭，以调节棚室内温度。

主要病虫害有苗期的猝倒病，设施内的灰霉病、菌核病，虫害有蚜虫等。要注意采用农业技术防治与药剂防治相结合的防治方法。

二十七、罗勒

罗勒，又名九层塔、零陵菜、光明子、毛罗勒、兰香等。为唇形科罗勒属的栽培种，为一年生或多年生草本植物。原产中国和日本。在亚洲、非洲的热带地区广泛分布。在北魏著作《齐民要术》中就有记载其栽培和加工的方法。目前，河南、安徽等地栽培较多。

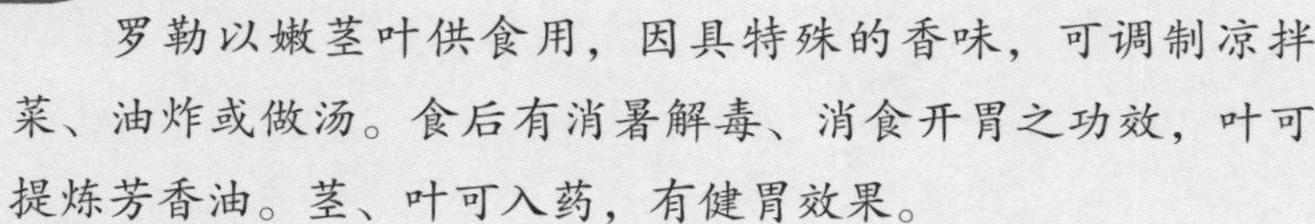

罗勒以嫩茎叶供食用，因具特殊的香味，可调制凉拌菜、油炸或做汤。食后有消暑解毒、消食开胃之功效，叶可提炼芳香油。茎、叶可入药，有健胃效果。

（一）类型和品种

罗勒可分为绿罗勒（图 27–1）和紫罗勒（图 27–2），无特殊的栽培品种育成。

图 27–1　绿罗勒

图 27–2　紫罗勒

（二）特征特性

罗勒在热带地区为多年生，但在我国均作一年生蔬菜栽培。株高约60厘米，茎钝四棱形，全株被稀疏柔毛，叶腋多分枝。叶对生，全缘，叶柄长2厘米左右，叶片卵圆或长椭圆形，长3～5厘米，宽约3厘米。花在花茎上分层轮生，每层有苞叶2枚，花6枚，成轮伞花序，一般有轮伞花序6～10层，花萼筒状，宿萼，花冠唇形，白、浅红或紫色；雄蕊4枚，柱头1枚。每花能形成小坚果4个，坚果黑褐色，椭圆形，长约1毫米。种子极小，千粒重2克左右。

罗勒性喜温暖，要求土质疏松、肥沃。

（三）栽培技术

我国中部地区，多在4月上旬播种。依地势的高低，做平畦或高畦，每亩施腐熟的有机肥料1 500～2 000千克作基肥，翻入土中后精细整地、做畦。多采用撒播，播后3～5天出苗。当真叶出现后，间去双株苗和拔除杂草，旱时浇水，生长中后期结合浇水追施尿素等氮肥1～2次。苗高6～7厘米时，即可间拔幼苗供食。主茎高20厘米后，连续采摘嫩茎、叶供食，可陆续采收至8月下旬。

留种植株不能采摘嫩茎叶，一般7月开花，8月上旬果实成熟，及时采收种株。

二十八、紫苏

紫苏，又名荏、赤苏、白苏等。为唇形科紫苏属中以嫩叶供食的栽培种，为一年生草本植物。原产中国和泰国，主要分布在东南亚各国。我国华北、华中、华南、西南及台湾有野生种和栽培种。日本栽培也较普遍。常呈半野生状态生于荒野、草地、山坡下、田边、路旁、沟边及住宅附近。

图 28-1　紫苏

紫苏以嫩茎叶供食用，可生食、做汤或腌渍等。紫苏煮蟹，可增加香气；紫苏煮鱼，鱼鲜菜美。目前，有关开发利用紫苏的产品，已达 20 多类，主要在药用、油料、香料、化妆品、腌渍品、食用等方面，美国把它作为抗癌食品，日本将其作为营养保健油加入儿童的饼干和小点心中。

紫苏的茎、叶、种子均有很高的营养价值，其中每 100 克嫩茎叶中含铁 23 毫克（为菜中之首，比籽用芥还高），钙 3 毫克，磷 44 毫克，胡萝卜素 9.09 毫克（为黄胡萝卜的 2.5 倍、红胡萝卜的 6.7 倍），维生素 B_1 0.02 毫克，维生素 B_2 0.35 毫克，维生素 C 47 毫克，烟酸 1.3 毫克；种子中蛋白质含量高达 25%，18 种氨基酸既丰富又平衡。种子可榨食油，含油量在 30% ~ 50%。

紫苏叶、梗、籽均可入药。紫苏叶味辛、性温，入肺、脾、胃经，有理气平喘、止咳化痰之功效，适用于风寒感冒、精神倦怠、胸闷腹胀、饮食不振、耳塞等症，并能解蟹毒，散寒热。另据报道，紫苏种子榨取的油——苏子油，澄清，色淡黄，清香，所含的不饱和脂肪酸主要为 α－亚麻酸，经常食用，可以降血压、降血脂、降胆固醇，预防心脑血管病，还可对乳腺癌细胞的生长和代谢起抑制作用。紫苏内还含有紫苏醛、紫苏醇、薄荷酮、薄荷醇、丁香油、白苏酮、紫苏酮、榄香脂素、肉豆蔻醚等有机化学物质，具特异芳香，有杀菌防腐作用。

长期以来，紫苏局限于零星种植，尚未形成规模生产。20 世纪 80 年代以来，随着人们食物结构的改变以及出口创汇事业的发展，许多保健食品被不断开发，紫苏的经济价值越来越受到人们的重视，栽培面积不断扩大。

（一）类型和品种

紫苏有两个变种：一种为皱叶紫苏，又名回回紫苏、鸡冠紫苏；还有一种为尖叶紫苏，又名野生紫苏。各地栽培皱叶紫苏较多，庭园栽培还具有观赏意义。皱叶紫苏植株被短毛，叶皱曲，全部深紫色，其主要特征为边缘流水状或条裂，形如公鸡冠，故又名鸡冠紫苏。江苏、四川、云南等省均有栽培。

近年来，从日本引进的紫叶紫苏和绿叶紫苏，以绿叶紫苏表现较好，产量高。

（二）特征特性

紫苏为须根系，根粗壮发达，入土深30厘米左右。野生类型，株高50 ~ 90厘米，栽培品种，株高50 ~ 200厘米，茎直立，断面四棱形，色紫或绿，主茎发达，侧枝多，茎节间较密，密生长柔毛。叶交互相对着生，绿紫或淡紫，卵圆或广卵圆形，长7 ~ 13厘米，宽5 ~ 13厘米；顶端锐尖，基部圆形或广楔形；叶缘粗锯齿状，密生细毛；叶面绿色或紫色，常呈泡泡皱缩状；叶背绿或紫色，有细油点，能散发出特殊香气。轮伞花序2花，组成顶生或腋生的偏向一侧的假总状花序；花萼钟状，花冠管状，白色至紫红色，上唇微缺，下唇3裂。小坚果，近球形，黄灰褐色，种皮极薄，表面有网纹，含种子1粒，千粒重1.8 ~ 1.95克。花期在8—9月，果期在9—10月。

紫苏性喜温暖湿润的气候，8 ℃以上就能发芽，适宜的发芽温度为18 ~ 23 ℃，开花期适宜温度为26 ~ 28 ℃。秋季开花，是典型的短日照作物。在高温寡日照条件下易徒长，在干旱强光照环境中易老化，茎叶粗硬，纤维多，品质差。

产品器官形成时期，不耐干旱，土壤要保持干湿适宜。对土壤适应性较广，但以土层深厚者为佳。肥料以氮肥为主。

（三）栽培技术

1. 栽培方式与栽培季节

长江、黄河流域，以露地栽培为主，3—4 月冷床或露地育苗，4—5 月定植，6—9 月采收，直至抽薹为止。

设施栽培分为大棚栽培或大棚秋延后栽培、春提前栽培。

（1）大棚栽培 9 月播种育苗，苗龄 15 天左右定植于大棚内，夜间应进行补光处理，翌年 2—4 月采收供应。

（2）大棚秋延后栽培 8—9 月播种育苗，9—10 月定植，11 月至翌年 1 月采收上市。

（3）大棚春提前栽培 1—2 月播种育苗，2—3 月定植，4—6 月采收上市。

近年来，盛行家庭容器栽培紫苏，可周年播种采食。

2. 种子贮藏与处理

紫苏种子的休眠期长达 120 天之久，如用刚采收的种子需要打破休眠，方法是将种子置于温度 3 ℃环境条件下 5 天，并用 100 毫克 / 升的赤霉素溶液处理，促进发芽。种子发芽属好光性，因此宜将种子移至 15 ～ 20 ℃有光照条件下，催芽 12 天，发芽率可达 80% 以上。种子切忌干燥贮藏，采收的种子宜于阴凉处阴干 2 ～ 3 天，后用等量的河沙与种子混合，保持适宜的湿度，装进箱内埋藏于土中，以利发芽。

3. 露地栽培

紫苏种子细小，播种前土块要打碎，精细整地。每亩施腐熟有机肥 2 000 千克，三元复合肥 20 千克，肥料与土充分混合。做宽 1.3 ～ 1.5 米（连沟）的高畦，畦面耙平。多行撒播，亩需种量为 0.7 千克。播后用踏板镇压，不覆土，用喷壶喷水后盖地膜或无纺布，增温保湿，促使早出苗。一般 7 ~ 10 天出苗，出苗后及时揭除地膜。

幼苗具 2 片真叶时开始间苗，第一次间苗，苗距为 7 ~ 8 厘米，第二次间苗，以苗距 15 ~ 20 厘米见方定苗。天旱时需及时浇水。生长期间发现缺肥症状需及时追肥 1 ~ 2 次。

以幼苗供食者，播后 30 ~ 35 天采收上市；以陆续采收嫩叶供食者，播后 40 ~ 50 天开始采摘上市。

4. 设施栽培

利用酿热温床或日光温室、塑料棚，在冬、春季节进行促成栽培，经济效益颇高，多用于芽紫苏栽培。即将种子撒播于温床或塑料棚内，当幼苗具 3 ~ 4 片真叶时，用剪刀齐地面剪断，装箱出售。注意发芽后尽量照光，并保持一定空气湿度，防止干燥，使幼苗嫩而鲜艳。

另一种设施栽培方式是先在温床中育苗，当幼苗具 3 ~ 4 片真叶时，移栽于另一设施内，每 3 ~ 4 株为 1 丛，丛距为 10 ~ 20 厘米。育苗期间可用黑色薄膜早晚覆盖，使日照缩短到每天 6 ~ 7 小时，以促进花芽分化。但移栽后不再进行遮光短日照处理，要保持 20 ℃左右的温度。一般具 6 ~ 7 片真叶时开始抽穗，穗长为 6 ~ 8 厘米时，及时采收，采后以 10 ~ 15 株扎为 1 把上市。产品以花色鲜明、花蕾密生为上品，称穗紫苏。品种宜选用矮生型品种。

以采收嫩叶为目的时，在冬季低温短日照期间，紫苏行设施栽培时，可在幼苗具 3 ~ 4 片真叶时，开始在夜间补光，延长光照至每天 14 小时，可抑制花芽分化，增加叶数和产量。

二十九、薄荷

薄荷（图 29–1），又名蕃荷菜。为唇形科薄荷属中以嫩茎为食的栽培种，多年生宿根性草本植物。原产于北温带的日本、朝鲜和我国东北各省。栽培历史悠久，分布较广，我国南北各地都有栽培，尤以江苏、浙江栽培为多，其次是江西和云南等省。世界上薄荷分布较多的国家有俄罗斯、日本、英国和美国等，德国、法国、巴西也有栽培。

图 29–1　薄荷

薄荷以嫩茎叶供食，可凉拌或作清凉调料。茎叶中含有 1% 薄荷油，其中主要成分薄荷醇占 70% ~ 90%、薄荷酮占 10% ~ 20%，此外还含有薄荷霜、樟脑萜、柠檬萜等。

薄荷的用途很广，主要有以下3个方面：

① 菜用：薄荷含有特殊的、浓烈的清凉香味，除用于凉拌可以解热外，还有除腥去膻作用，是食用牛羊肉时必备的清凉调料。

② 药用：薄荷具有兴奋、解热、杀菌、止痛、发汗、止呕吐等作用，自古用作药材。

③ 工业用：可制成清凉油、八卦丹等，还可加入糕点或作为牙膏、香皂的添加剂及制成洗发水、沐浴液等。薄荷是一种开发前景很好的绿叶类蔬菜。

（一）类型和品种

薄荷按花梗长短，可分为短花梗和长花梗两个类型。

短花梗类型花梗极短，为轮伞花序，我国大多数栽培品种属这一类型。主要品种有赤茎圆叶、青茎圆叶及青茎柳叶等。长花梗类型花梗很长，常高于全株之上，为穗状花序，含薄荷油较少，欧、美各国栽培的品种多属此类型。主要品种有欧洲薄荷、美国薄荷和荷兰薄荷等。

薄荷依茎叶形状、颜色，可分为青茎圆叶种、紫茎紫脉种、灰叶红边种、紫茎白脉种、青茎大叶尖齿种、青茎尖叶种、青茎小叶种，共7种。鉴别不同品种的形态特征，主要根据茎色、叶形、茸毛有无和多少以及叶缘锯齿深浅等。

（二）特征特性

薄荷根系发达。株高可达1米左右，一般匍匐地面而生；茎

□棱，地上茎赤色或青色，地下茎为白色。叶绿色或赤红色，对生，椭圆形或柳叶形，叶面有核桃纹，叶缘有锯齿，每个叶腋都可抽生侧枝。花淡紫色，很小，有雄蕊 4 枚，雌蕊 1 枚。种子极小，黄色。菜用薄荷因经常采摘嫩尖，故不开花结籽。

薄荷耐热又耐寒，性喜湿润，但不耐涝。对土壤的适应性较广，除过于瘠薄或酸性太强的土壤外，都能栽培，但要获得高产优质，应选择肥沃的沙壤土或冲积土。薄荷较耐阴，宜和其他作物间作、套种，如栽种在果园、桑园或玉米田间空地，亦可生长茂盛。肥料以氮肥为主，钾肥和磷肥次之。

（三）栽培技术

1. 栽培方式与栽培季节

薄荷以露地栽培方式为主。薄荷可以用种子繁殖或育苗移栽，但由于它的再生能力强，新根和不定根萌生快，生产上多用无性繁殖。无性繁殖有根茎繁殖、分株繁殖和扦插繁殖三种。大面积栽培多采用简单易行的分株繁殖法。

栽培季节，主要根据各地气候条件而定。广东、海南等省，一年四季都可栽培；江苏、浙江一带，清明前后（4 月上旬）气温回升，常有雨水，湿度大，栽植后容易成活；西南地区，雨季开始后栽植为宜；华北和东北地区，可采用露地栽培与设施栽培相结合的方式。薄荷栽植一次，可连续采收 2 ～ 3 年后再更新。

2. 栽培技术要点

（1）秧苗准备 薄荷的茎比较细软，长到一定高度，其基部即匍匐地面。茎与地面接触后，每一节都能向下产生不定根，向上抽生新枝，将其一节一节剪开，每一节就是一个分株，用作繁殖。

（2）整地定植 定植前应深翻土壤，施足基肥，每亩施腐熟有机肥 2 000 ~ 2 500 千克，整地、开沟、做畦。南方用高畦，北方用平畦或低畦，以利排灌。畦宽（连沟）1.5 米，定植行株距为 50 厘米 ×35 厘米，每穴栽植 1 株。

（3）田间管理 定植后浇足定根水，促进活棵，以后经常浇水，保持土壤湿润。及时中耕除草，保持土面疏松无杂草。每次采收后每亩要追施水溶性肥料。为了使地下茎和地上茎不过于拥挤，要做好地上茎和地下茎的疏拔工作。发现病虫害要及时防治。

（4）采收 菜用薄荷，当主茎高达 20 厘米左右时，即可采摘嫩尖供食。由于破坏了顶端优势，侧枝萌生很快。南方一年四季都可采摘，而以 4—8 月产量最高，品质最好。温暖季节，每隔 15 ~ 20 天采收 1 次；冷凉季节，30 ~ 40 天采收 1 次。